U0235166

技术社会化过程中的
农户技术采纳行为研究

邝小军◎著

中国书籍出版社
China Book Press

图书在版编目（CIP）数据

技术社会化过程中的农户技术采纳行为研究/邝小
军著. —北京：中国书籍出版社，2020.11
ISBN 978-7-5068-8070-1

Ⅰ.①技… Ⅱ.①邝… Ⅲ.①农业科技推广—研究
Ⅳ.①S3-33

中国版本图书馆CIP数据核字（2020）第216083号

技术社会化过程中的农户技术采纳行为研究

邝小军　著

责任编辑	李　新	
责任印制	孙马飞　马　芝	
封面设计	中尚图	
出版发行	中国书籍出版社	
地　　址	北京市丰台区三路居路 97 号（邮编：100073）	
电　　话	（010）52257143（总编室）（010）52257140（发行部）	
电子邮箱	eo@chinabp.com.cn	
经　　销	全国新华书店	
印　　刷	河北盛世彩捷印刷有限公司	
开　　本	710 毫米×1000 毫米　1/16	
字　　数	193千字	
印　　张	14.5	
版　　次	2020 年 11 月第 1 版　2020年11月第 1 次印刷	
书　　号	ISBN 978-7-5068-8070-1	
定　　价	59.00 元	

版权所有　翻印必究

前　言

本书是从技术过程论的视角，基于对马家湾村垫料养猪技术、石门县柑橘密改稀技术的农户采纳行为的实地调查，以农户的考虑为本，来探讨农户采纳农业技术的主要决策事项、重点影响因素，以及农业技术由生产技术向产业技术转化所要经过的环节。本书选取技术社会化的一个不成功的案例（马家湾村垫料养猪技术）和一个成功的案例（石门县柑橘密改稀技术）进行比较研究，试图发现农户采纳这两种农业技术过程中的主要决策事项、重点影响因素，探讨不计地区差异、技术种类差异、农户禀赋差异情况下的农户技术采纳行为的一般规律，从而在农业技术领域检验、丰富技术过程理论，进一步为农户技术采纳在研究方面添砖加瓦，在实践方面提供指导。

农业生产技术向产业技术转化，通过各种方式得到推广，进入到农业生产过程，在生产中大规模应用，必须经由农民的技术决策、采纳行为才能实现。农业生产是一种技术、社会集合作用的活动，技术、经济、政治、文化等多方面的因素渗透其中，推广人员、公司、政府和农民等相关群体进行着复杂的互动，农民是积极的"能动者"而不是消极的"受动者"。事实证明，忽视农民技术需求、对农民技术采纳行为缺乏了解，造成的情况是创新人员、推广人员认为先进、适用、经济效益高的技术在实际生产过程中推广起来却是困难重重、推广效果不佳。

经济效益与农户技术采纳行为。市场经济体制下农户生产经营活动的主要目的是对经济效益的追逐，因而农户在决定是否采纳一项新技术以及采纳的程度时，通常会考量新技术的经济效益情况。农户对新技术的采纳是一个增加物质、资金、人工等要素投入的过程，是投资就期望得到经济上的回报，农户作为自主经营、自负盈亏的市场主体，自然追求新技术使用经济效益的最大化，经济效益因而成为农户采纳新技术行为的基本驱动因素。从经济学来看，农户也是理性的经济人，他们的生产经营活动也是建基于对产量或利润最大化的计算之上。具体来说，主要有两个方面的考量决定了农户是否采纳一项新技术：一是采纳新技术需要付出的成本，包括采纳新技术的直接支出和学习新技术的机会成本；二是采纳新技术的预期收益及获得的可能性大小。

技术属性与农户技术采纳行为。技术属性，主要是先进性和适用性，直接决定了农户采纳某种技术进行生产的效果和效率。技术的先进性是农户采纳技术的优先条件，是指一项新技术在同类技术中处于领先水平，生产出的产品具有质量好、竞争力强等特点，在生产中成本低、效率高，或者在某一方面有突出的特点。技术的适用性是农户采纳技术的必要条件，是指一项技术适应当地人力、物力和财力条件，与当地自然区位、生产资源、技术系统相匹配、融合。先进技术可能是当时当地的适用技术，也可能不是当时当地的适用技术。先进技术是否成为适用技术，决定于一定的社会经济状况，决定于运用这一技术的目的、时间、地点和条件。

补助服务与农户技术采纳行为。对于农业技术推广来说，新技术本身能产生多大的经济效益是需要考虑的，而新技术可能带来的长远的和宏观的经济与社会综合效益是更要考虑的。农业技术在应用初期，往往不会立竿见影产生经济效益或者经济效益不高甚至较低，而这会大大影响农户对新技术采用的决策，因为农户作为生产经营的主体普遍看重技术的经济效益，而且比较看重短期的经济效益。因此，政府出于追求农业技术所能带来的社会综合效益的需要，就很有必要对新技术的采纳行为进行补助。农业技术推广服务的广度和深度对农户的技术采纳意愿有很大影响。我国当前已经建立起一套性质和层次不同、目标和功能各异的专业化、产业化和网络化的多元农村科技服务体系，农业技术服务的组织形式、服务模式还在不断创新。但与农户的需求相比，现有农业技术服务的范围和水平仍然不足，坑农、伤农、害农的现象时有发生，需要进一步加强和完善相关工作。

文化习惯与农户技术采纳行为。在具体的自然地理环境、经济形势、政治结构和意识形态背景下，农民在长期的生产生活过程中创建出并传承、发展着特定的文化。这些包含了价值观念、心理品质、风俗习惯和地方性知识的文化，首先由外而内地渗入到农民的日常言行、生产生活的方方面面，形成他们一定的思想、观念、性情和偏好，继而由内而外地左右着他们的计划、行动。农户的技术采纳行为当然也有意无意地受到其文化习惯相当程度的影响，打上了当时当地文化的烙印。

在探讨了农业技术社会化过程中农户的技术采纳行为，分析了农户采纳技术的主要决策事项、重点影响因素，最后形成了农业技术社会化论、以农户为本的技术采纳论，以及以农民合作社为重要中介的技术推广论。

技术过程论是本书的视角，它是科技哲学的成果，主要来源于对工业技术的研究。本书试图将技术过程论应用于农业技术，在它的指导下探讨农民技术采纳行为的规律，并在农业技术领域检验、丰富技术过程理论。

本书可供农业发展与推广、农业经济管理、农业科技管理等工作人员参考。

目　录

1 绪 论

1.1 研究背景

一个国家的农业发展同农业技术的进步密切相关。农业技术的不断创新及其在生产中的应用，不仅可以改变传统的农业生产方式、优化产业结构、增强农业资源的利用效率，还可以提高农业劳动者素质、完善生产过程中的组织形式、变革农村的社会结构。农业技术进步是推动现代农业发展的基本力量源泉。

我国农业正处于由资源型传统农业向科学型现代农业转化的阶段，农业科技进步贡献率由 2012 年的 53.5% 提高到 2017 年的 57.5%[①]，与发达国家仍然存在相当差距。发展农业技术不仅是技术问题，还是社会问题。多年来，我国的农业技术推广工作，虽然有各级政府大力推动，各级农业技术推广部门和农业技术推广人员做了大量工作，但效果还是不尽人意，许多农业技术成果仍滞留在实验室里或是书本上。究其原因：一方面并不是农业技术缺乏，而是适合农民需要的有效农业技术缺乏；另一方面，我国农民的农业技术需求行为与政府、科研人员及技术推广人员的科研与推广行为不相协调，科研人员、政府和农业技术推广人员对农民生产上所需要

---

① 蒋建科. 我国农业科技进步贡献率达57.5% 农业发明专利申请量全球第一[N]. 人民日报，2018-09-26（06）.

的技术在认识上存在着脱节，从而导致农业科研成果的推广应用率很低，农业技术存在着有效需求不足与有效供给不足的双重矛盾。

家庭联产承包责任制的建立使农民成为真正意义上的生产经营主体，生产什么、生产多少可以自主决策。在社会主义市场经济条件下，农民作为农业技术的最终需求者和使用者，在推动农业技术进步和促进农业增产提质上起着关键作用。农业技术推广、传播和应用的效果取决于农民是否采用农业技术以及采用农业技术的程度和速度。农业技术成果，只有被农民接受、消化并应用于农业生产过程，农业技术才能转化为现实的生产力。我国是个历史悠久的农业大国，农民受自身社会经历、教育水平、经济状况、经营条件、风俗习惯以及所处自然和政治环境等因素的影响，在采用农业技术时，表现出较为复杂的心理反应、行为表现。所以，为了更好地推进现代农业的发展，需要重视农民对农业技术的选择，进行农民技术采纳行为的研究。

1.2 研究目的和意义

1.2.1 研究目的

本书是从技术过程论的视角，基于对马家湾村垫料养猪技术、石门县柑橘密改稀技术的农户采纳行为的实地调查，以农户的考虑为本，来探讨农户采纳农业技术的主要决策事项、重点影响因素，以及农业技术由生产技术向产业技术转化所要经过的环节。本书试图达到以下两个目的：

一是解剖两个农业技术采纳的案例。本书选取马家湾村垫料养猪技术、石门县柑橘密改稀技术的农户采用行为两个案例，开展全面、深入的实地调查，试图了解这两种农业技术在当地应用的状况，分析马家湾村垫料养猪技术采纳情况不佳和石门县柑橘密改稀技术采纳情况良好的原因，总结这两种农业技术在实现技术社会化过程中的不足和优势，从而为当地生猪养殖业、柑橘种植业的发展，当地农户技术采纳提供认识和实践上的帮助。

二是提炼农户技术采纳行为的一般理论。本书选取技术社会化的一个不成功的案例（马家湾村垫料养猪技术）和一个成功的案例（石门县柑橘密改稀技术）进行比较研究，试图发现农户采纳这两种农业技术过程中的主要决策事项、重点影响因素，探讨不计地区差异、技术种类差异、农户禀赋差异情况下的农户技术采纳行为的一般规律，从而在农业技术领域检验、丰富技术过程理论，进一步为农户技术采纳在研究方面添砖加瓦，在实践方面提供指导。

1.2.2　研究意义

对于农民技术采纳行为的研究到目前为止，已经取得了丰硕的成果。国外学者做了许多经典的实证研究，并在此基础上形成了成熟的、富有解释力的理论，对国内的相关研究和实践发挥出了较大指导作用。国内专家借鉴国外的成果，结合本国实际，也进行了大量的农民技术采纳行为研究。国内研究从总体上看，定量研究、构建模型居多，而基于实地调查的定性研究极少；针对某一地区、某一两种农业技术的具体研究居多，结论解释力有限，而在实证研究基础上的理论提升不足，未能在构建中国本土化理论方面有较大进步。本书试图采用实地调查方法，以农民的需求、想法为主，获取农民技术采纳行为的深度认识，形成与已有定量研究的相互验证、补充，产生具有更大范围解释力的结论。技术过程论是本书的视角，它是科技哲学的成果，主要来源于对工业技术的研究。本书试图将技术过程论应用于农业技术，在它的指导下探讨农民技术采纳行为的规律，并在农业技术领域检验、丰富技术过程理论。

中国经济日益走向国际化、全球化，农业发展面临诸多严峻挑战，中国农业的根本出路在于借助技术的进步和创新实现农业现代化。农民是农业生产的主体，是农业技术的需求者和采用者，农业技术成果只有被农民接受、消化并应用于农业生产过程，才能转化为现实的生产力。农业推广必须"以农民为本"，需要基于农民的观点来展开，离开农民谈农业推广就成了"无的放矢"。农业部发布的《"十三五"农业科技发展规划》在农业技术推广方面要求：加快健全以国家农技推广机构为主导，农业科研教学单位、农民合作组织、涉农企业等多元推广主体广泛参与、分工协作的"一主多元"农业技术推广体系，尊重市场规律，遵循自愿、互利、公平、诚信的原则，推动农业科技成果转化应用。面对建设现代农业的紧迫要求，农业科技发展面临着走好以农业技术推广为主要内容的"最后一公里"的重要任务。因此，必须重视农民的需求和想法，弄清农民采纳农业技术的主要决策事项，明确其中的重点影响因素，把握农业技术由生产技术向产业技术转化所要经过的环节。这对提高农民技术采纳效果，走好农业技术推广的"最后一公里"具有重要的实践意义。

1.3　研究思路

当前，区域、国家竞争力已经成为衡量一个区域、国家实力的主要指标，区域、国家竞争力的核心是产业竞争力，产业竞争力是由产业技术水平和产业技术创新能力决定的，而不是或者不直接是由具有潜在生产力功能的其他形态的技术（生产技术）决定的，因而产业技术才是制定政策的理论基点。[①]

根据技术过程论的观点，技术是一个过程，有多种形态。经过设计、试验和挖掘、整理，在小范围生产劳动中应用的技术是生产技术。生产技术是技术本身已经完善的技术，即技术上业已熟化了的技术，直观显现的物质对象是样品、试制品和小批量生产的产品。对于生产系统来说，技术

---

① 远德玉，丁云龙，马强. 产业技术论[M]. 沈阳：东北大学出版社，2005：42.

上的完善，并不等同于一定能够把技术投入到生产系统中，完善的技术仅仅提供了一种生产的技术可能性，但不一定能够实现生产过程。[①]产业技术是真正进入生产过程的技术，它是经过与其他技术匹配并实现了系统化整合，经过经济核算进而具有经济可行性，经过制度规约和社会建构，从而确定了有效运行基础，经过文化涵纳而作为一种文明事物得以张扬的技术，其直观显现的物质对象是大规模生产的产品和市场上广为消费者接受的商品。[②]产业技术与生产技术的本质区别在于生产技术仅仅提供了生产的技术可行性，比如高技术、新技术尽管在技术上是成熟的，但往往因缺少经济上的可行性，甚至可能因为缺少适当的制度空间和文化涵纳条件而不能进入生产过程；相反，产业技术不仅具有生产的技术可行性，还具有经济上、制度上、社会上乃至文化上的可行性。[③]

农业生产技术向产业技术转化，通过各种方式得到推广，进入农业生产过程，在生产中大规模应用，必须经由农民的技术决策、采纳行为才能实现。农业生产是一种技术、社会集合作用的活动，技术、经济、政治、文化等多方面的因素渗透其中，推广人员、公司、政府和农民等相关群体进行着复杂的互动，农民是积极的"能动者"而非消极的"受动者"。事实证明，忽视农民技术需求、对农民技术采纳行为缺乏了解，造成的情况是创新人员、推广人员认为先进、适用、经济效益高的技术在实际生产过程中推广起来却是困难重重、推广效果不佳。

所以，本书从技术过程论的视角，把农业技术作为一个过程，来探讨农业技术由生产技术向产业技术转化过程中农民的技术采纳行为，探讨农民采纳技术的主要决策事项、重点影响因素，探讨如何使农业技术不仅具有生产的技术可行性，而且还具有经济上、制度上、社会上乃至文化上的

---

① 远德玉，丁云龙，马强. 产业技术论[M]. 沈阳：东北大学出版社，2005：38.
② 远德玉，丁云龙，马强. 产业技术论[M]. 沈阳：东北大学出版社，2005：38.
③ 远德玉，丁云龙，马强. 产业技术论[M]. 沈阳：东北大学出版社，2005：39.

可行性。

1.4　理论基础

1.4.1　基本概念

1.4.1.1　农户

农户一直以来都是人类社会结构中最基本的经济组织，也是有关农业研究的基本单位。从职业的角度来界定，农户指以从事农业为主的户，与之相对应的是主要从事工业、运输业、商业等的非农业户。从经济区位的角度来界定，农户指居住在农区的户，与之相对应的是城市户或城镇户。在我国大部分农村地区，由血缘关系确定的家庭与农户的内涵往往具有一致性。家庭是一个生物学单位，家庭成员包括父母及未成年子女，他们在生产生活中具有相互依存关系和集体行为的特征。从经济属性来看，在我国农村，家庭是生产和消费的统一体。作为生产组织，家庭成员间存在共同的利益，并以此作为生产活动所遵循的共同目标和行为准则。作为经营组织，家庭共同承担必要的社会责任，并共同追求在社会中不断提高地位。作为消费单位，家庭必须满足每个成员的消费需要，并通过增加消费支出、改善消费结构等方式，不断提高其消费质量。从制度和产权来看，我国农村一直有严格的户籍制度，农民所拥有的承包经营权，不是根据居住权，而是根据户籍制度，以家庭为单位进行分配，农户拥有的剩余控制权和索取权也都是建立在家庭基础之上的。

本书采用的界定是：农户是指居住在农村，以家庭血缘和亲缘关系为基础，依靠家庭劳动力从事农业生产，并在生产、生活中相互依赖，具有共同利益和责任的社会经济组织单位。[①]

---

① 满明俊. 西北传统农区农户的技术采用行为研究[D]. 西安：西北大学，2010：20.

1.4.1.2 技术采纳行为

Rogers 从精神接受的角度给技术采用下了定义，认为从开始听说一个创新技术到最后采用，这是一个精神的过程。[①] Schultz 认为，农民的资源利用有时没有效率，在这种情况下，通过引入新技术的学习和或新技术的实验，帮助农户改变原来的非平衡状态，使他们达到一个新的均衡，其衡量往往是以新技术被农户个体采用的时机和程度为指标，既可用离散的变量表示（农户是否采用），也可用连续的变量表示（技术采用的程度）。[②] 汪三贵认为，农业技术的采用是指农业生产者首次接触某项技术，并对该技术进行了解、思考、认可和掌握，并把它应用到生产实践的过程，一般指个体农业生产者选择并接受某项农业新技术的行为。[③]

有研究对技术采用行为的概念进行了深入分析。[④]农户技术采用问题可以从两个视角分析，即微观视角和宏观视角。从微观角度分析，每个决策单位必须考虑是否采用新技术和采用新技术到何种程度；从宏观角度分析，主要考虑特定区域的所有企业或农户新技术采用的模式以及随着时间变化扩散的周期。农户技术采用还应区分技术的可分性，即有些技术是可分的，如水稻高产品种等；而有些技术是不可分的，如联合收割机等。可分性的技术采用程度可通过给定时间条件下，单个农户采用新技术的土地面积比例或份额来衡量；而对于不可分技术采用的衡量，则可简化，只需考虑农户是否采用此技术。

本书采用的界定是：技术采纳行为是指农户为了满足自身需要，改变传统的技术、习惯以及思维方法，而采用新技术、新技能、新方法、新观

① Rogers, Everett M. Difusion of Innovations. New York: Free Press, 1962.
② Theodore W. Schultz. Transforming Traditional Agriculture. New Haven: Yale University Press, 1964.
③ 汪三贵. 技术扩散与缓解贫困[M]. 北京：中国农业出版社，1998.
④ 周波. 江西稻农技术采用决策研究[D]. 上海：上海交通大学，2011：7.

点的决策和行为。[①] 本书视"技术采纳""技术采用""技术选择""技术接受"为相同内涵的概念。

农户技术采用行为具有几个特性[②]：①多样性。农户面对的农业技术种类众多，既可以按照一揽子的方式综合采用，也可以独立地采用个别的农业技术。这样就使农户面临的技术选择有多种组合，农户技术采用的行为也表现出多样性的特征。②动态性。任何新技术的采用都不是一次性完全采用的，而是一个渐进的动态过程。这种动态特性体现出不同农户对新技术的学习和了解过程以及不同农户对新技术采用中的各种限制因素的克服过程。过去对某种新知识的了解是现在采用新技术水平的依据，而未来采用新技术的决策又取决于过去和现在所积累起来的经验。这种学习过程一方面来自亲身实践，另一方面则来自技术率先采用者的实际生产情况。③风险性。农户采用新技术是一种选择活动，新技术的应用在可能得到收益的同时，也必然存在着各种风险。农业生产的特殊性使得农户不仅要经常面对各种不利的自然条件，还要遭受各种社会和经济的不确定性导致的风险，因此如何看待风险、是否具有规避风险的能力成为影响农户技术采用行为的一个主要因素。

Rogers 将农户技术采纳过程划分为五阶段[③]：①了解阶段。即对一种新技术的初步了解和接触，技术推广机构以及大众媒介工具是农户了解新技术的重要渠道。②感兴趣阶段。通过初步了解，如果农户发现新技术比较适合自身的情况，农户就可能有兴趣更多地了解这方面的情况。在该阶段，大众媒介工具可提供一些农户所需要的信息，也需要有一个能够解答他们疑问的信息机构，比如农业技术推广机构。③评价阶段。对农户来讲，评价阶段是衡量新技术对农户是否有利的过程，农户会对新技术采纳的收益

---

① 满明俊. 西北传统农区农户的技术采用行为研究[D]. 西安：西北大学，2010：21.

② 满明俊. 西北传统农区农户的技术采用行为研究[D]. 西安：西北大学，2010：21.

③ Rogers, Everett M. Difusion of Innovations. New York: Free Press, 1962.

和成本以及风险等进行评估，做出对新技术的评价。④试验阶段。如果采纳新技术所冒的风险容易得到控制，以及潜在的利益超过估计的成本，农户就到了采纳过程的试验阶段。此时，农户在利用个别技术方面需要个别指导。⑤采纳阶段。农民根据试验的结果决定是否采纳这项技术。本书中的技术采纳是五个阶段的统一体，只要某一个阶段终止，该采纳行为都不成立。

1.4.1.3 产业技术

产业技术是真正进入生产过程的技术，它是经过与其他技术匹配并实现了系统化整合，经过经济核算进而具有经济可行性，经过制度规约和社会建构，从而确定了有效运行基础，经过文化涵纳而作为一种文明事务得以张扬的技术，其直观显现的物质对象是大规模生产的产品和市场上广为消费者接受的商品。[①] 产业技术是由生产技术演化而来。产业技术与生产技术的根本区别在于，它不仅技术是成熟的，而且是经过了技术系统整合，以及经济核算和制度规约的技术。

农业生产技术向产业技术转化，通过各种方式得到推广，进入到农业生产过程，在生产中大规模应用，必须经由农户的技术决策、采纳行为才能实现。农业产业技术一般性特征体现为以下方面[②]：

农业产业技术是复杂性技术。第一，农业产业技术是多样性的技术。现实中，"镶嵌"在产品和技艺中的农业产业技术，在横向上表现出丰富的种类，在纵向上表现出新旧之间的交融、替代，多样性不断增加。第二，农业产业技术是系统性的技术。一项农业生产技术经过反复设计，才能够与其他技术匹配、契合，形成稳定的技术结构关联，实现技术目的，并由此改变了自身的形态，成为产业技术。第三，农业产业技术是建构性的技

---

① 远德玉，丁云龙，马强. 产业技术论[M]. 沈阳：东北大学出版社，2005：38.

② 远德玉，丁云龙，马强. 产业技术论[M]. 沈阳：东北大学出版社，2005：12.

术。研发人员、公司、合作社和农民对于同一技术、技术结构的认识、掌握和运用不尽一致，会就农业生产技术发生复杂互动，不断沟通和协商。也就是说，农业生产技术之间横向、纵向的匹配、契合程度，研发人员、公司、合作社和农民就技术沟通、协商的状况，最终决定着农业生产技术研发、推广的绩效。

农业产业技术是制度化技术。在农业技术的演化过程中，伴随着制度适应现象。一项重大农业技术出现后，在其投入应用过程中，随之而来的是要确立产业标准，要建立大家遵从的规范，并且要围绕生产流程确立管理规则，建章立制。甚至可以说，农业技术演化伴随着制度共生，农业产业技术在其形成过程中，包含着制度方面的规定性，并且农业产业本身就可以视为一种组织、一种制度条件。农业产业技术必须通过一定的组织形式、遵循一定的制度规则，才能够发挥作用，实现农业技术的目的。现实中，发挥作用的农业产业技术是一种程式化的运作方式，因而是制度化的技术。在一定意义上，农业产业技术自身所展现的技术规定性表现为一种规则体系。对农业产业而言，如何组织生产、如何进行生产，在技术上有其惯常的做法，这些做法在现实中是有效的，为同行在解决此类技术问题时所遵从。这种规则体系是一种基于农业技术本身内在要求的制度性的约束条件，因而它也构成了一种制度规定性。当然，农业产业技术的制度规定性不只来自农业技术本身的设定，还体现在其他方面。比如，实现农业技术目的必须遵从市场规则，市场规则为农业技术活动设定了框架。尽管是一种相对间接的制度性规定，但值得注意的是，通过创新使农业生产技术转变为产业技术，创新激励制度同样是必不可少的，即创新激励制度等间接性的制度要素是农业产业技术形成的有机组成部分，不可割裂开来。农业生产技术转化为产业技术要经过制度规约，规约意味着限定，限定既是某种束缚，也包含着激励性的制度安排。

农业产业技术是社会化技术。农业产业技术在很大程度上是一种设计的结果、社会建构的结果。比如，政府部门通过一定的农业产业政策激励技术进步，或者借助于一些不合理的制度阻碍技术的发展。农业产业技术在其发展过程中，必然要受诸多社会要素的影响，无论是在深度还是广度上，农业产业技术通过社会建构所获得的社会属性要强于农业生产技术。农业产业技术是一种社会、技术集合作用的结果。对于农业产业技术，通常有若干社会群体（例如政府部门、科研机构、公司、合作社、农户和消费者等）与此相关，这样的群体既指建制和机构，也指有组织和无组织的人群。每一群体对农业技术提出各种问题（如对经济发展的作用、技术的先进性、利润、可采纳性和消费需求等），围绕每个问题都可有几种解决方案，也就是相互争论的办法，其中所考虑的因素甚至涉及司法、伦理和习俗等方面。各个社会群体通过提出相关问题赋予农业技术以社会意义，这些社会群体由于其不同的社会文化背景和政治地位形成不同的行为思想规范和价值观，对农业技术的内容（包括设计、结构等）有着不同的解释，而这种不同的解释又由于存在着不同的问题和解决方案而导致农业技术极不相同的发展路线。农业产业技术是协商的产物。农业技术从研究、开发到生产和销售的发展是一个协商、改造、翻新的过程，而农业技术的成功则是以赞同或接受它的人数多少来衡量。最初，对该农业技术的前途感兴趣的人总是很少，但是经过反复的"斗争"和激烈的"争论"，便会有越来越多的人接受并使用它，直到使用者和资源数量达到最大以及农业技术需要再加以改造为止。

农业产业技术是竞争性技术。农业产业技术的竞争主要是通过市场实现的，而市场选择的首要原则在于一项技术是否经济适用，即成本—效益评价成为技术采用的主要标准。第一，如果没有成本—效益判别，农业生产技术不可能进入产业，无法成功转化的技术不见得不好，可能因为用起来成本太高。正是因为农业产业技术包含着成本—效益判别，所以，现实中起作用的技术可能并非最优的技术。第二，研发人员、公司、合作社和农民分别从各自的角度对农业生产技术进行成本—效益判别，致使他们在经济利益问题上既有共同之处，也有矛盾冲突，研发人员、推广人员认为有经济效益的农业生产技术可能并不能让采用者感觉经济上会受益。

农业产业技术是具有文化属性的技术。农业产业技术受到文化的很大影响，内含一定的文化意味，并且技术的体系化、系统化程度越强，技术结构关系越复杂，其文化属性也就越强。这是因为在农业生产技术的演化过程中，其质的规定性要经过"文化形塑"。第一，农业生产技术的研发、引进必须考虑文化适应问题。一项生产技术，尤其整套生产技术的研发、引进，不仅影响到原有的技术体系，而且对烟草农业生产技术相关群体的生产、生活、行为、观念都会产生较大冲击，可能引发一定程度的文化冲突。第二，相关群体，尤其农民的文化水平越高，对农业生产技术的理解越多，他们就越支持技术的研发、推广。相关群体，尤其农民所掌握的农业生产技术方面的文化知识以及对技术所持有的态度，一定程度上决定着文化冲突的状况。第三，相关群体，尤其农民在长期的生产实践中，积累了有关农业生产技术丰富而实用的经验，形成了与科学文化相对应的地方性文化。农业生产技术的地方性文化对于技术的研发、推广具有一定价值，它们甚至能够在具体的农业生产方面发挥重大作用，与农业生产技术的科学文化互补或者相互竞争。农业生产技术的研发、推广只有结合相关群体，尤其是农民的地方性文化才能更好地获得信任和支持，研发人员、推广人员不能只采取一种自上而下的方式向采用者传播农业生产技术，也应该与采用者进行更多的沟通和协商。

1.4.1.4　垫料养猪技术

传统养猪，粪尿采用水冲洗的清理方式，污染物排放量大，一个千头猪场的日排泄粪尿量达 6 吨，年排泄量达 2000 多吨。粪尿处理难度大，使得圈舍环境恶劣，并对农村环境造成极大的污染。同时，从另一个角度来看，猪粪尿也是一种重要的资源，直接冲洗掉是一种浪费。

针对传统养猪模式的问题，湖南泰谷生物科技有限公司和湖南农业大学动物医学院共同研发了多功能生物活性垫料养猪零排放技术。据泰谷公司介绍，它是一种环保生态养殖配套技术，将多功能生物活性核心菌料，与锯末、谷壳按一定比例和湿度混合，制成生物活性垫料。生猪放养其上，产生的粪尿直接通过生物垫料发酵、分解，一年以后形成优质生物有机肥。使用该技术养猪能够免冲洗、不清粪、无臭气，实现养猪省工、节能、减排和猪场废弃物资源化利用。

泰谷公司宣称，该技术在吸收国外生物发酵垫料干式养猪先进技术的基础上，结合本地特色和养殖习惯，在多功能核心料开发、栏舍改造、垫料配制及垫料后期商品化利用等方面进行了深度综合创新，该技术相较于传统养猪技术具有显著优点。使用该技术养猪不需用水冲洗，科学合理地解决了猪粪尿对舍内外环境的污染，实现了真正意义上养猪场排泄物的零排放。垫料的制作可促进锯木屑、谷壳、草粉、秸秆粉、米糠等废弃物的资源化利用，每 10 平方米的垫料可以消耗 1/15 公顷（1 亩）地的稻草或玉米秸秆，生态环境效益巨大。垫料的使用增加了生猪的运动量和对有益营养物质的摄取，有利于提高生猪的免疫力和肉质。垫料在使用过程中，与猪粪尿混合发酵，会产生热能，可供生猪冬季取暖用。垫料使用一年以后，回收加工成优质有机肥用于农作物种植，可大大减少农业生产的化肥施用量，降低化肥对土壤和水体的污染，对生态环境产生十分有益的作用。

1.4.1.5　柑橘密改稀技术

柑橘园改密为稀，通常叫"密改稀"，就是将密植橘园中多余的橘树移走，使保留的永久枝形成独立树体，创造橘树个体生长发育的优越环境条件，并方便培育，是建设高标准橘园的配套技术措施之一[①]。

---

① 杨修立，李雪梅，郭红兵. 柑橘园"密改稀"技术研究[J]. 湖南环境生物职业技术学院学报，2002（1）.

20世纪末，我国柑橘的栽植多采用密植栽培技术。当时，农民对密植栽培技术认可度高，产业规模迅速扩大。随着大部分柑橘园陆续进入盛果期，柑橘园郁闭现象越来越严重，通风透光能力差，劳作困难，导致生产成本增加、病虫害滋生、果实品质下降。因此，需要推广密改稀技术。

密改稀技术的优越性体现在：①有利于彻底改变密蔽橘园内的生态环境。密蔽橘园改稀并全园改土增施有机肥后，树势由弱变强；树冠开张，枝梢舒展，绿叶层增厚近一半；树形由原来的伞状形变为自然开心形，光照条件得到根本改善，枝梢抽生量无论数量还是质量均大大优于密蔽橘园，为年年丰产稳产打下了基础。另外，永久树水平根迅速扩展，新根生长量较密蔽树成倍增加，从而使地下部分与地上部分形成和谐生长的有机统一体。②有利于充分发挥柑橘园树体的结果能力。密蔽橘园的橘树结果部位主要集中在树冠上部，粗皮大果多，病虫危害严重，优质果率低。密改稀后，密不透风的密植群体变为树不交叉、枝不重叠的独立树体，树型由通透性差的自然圆头形变为通风透光的自然开心型，结果模式由主要树冠上部结果的"平面结果模式"演变为树冠上下内外全面结果的"立体结果模式"。③密蔽橘园因行间封闭导致培管不便，从而造成"土壤改良无从下手，打药施肥难以到位，果实采摘必须架梯"的生产难题。密改稀有效地化解了培管不便的生产难题。

1.4.2　相关理论

1.4.2.1　技术过程论

技术是一个动态过程的观点，是远德玉最早提出来的。远德玉在《技术创新的工艺性研究》一文中指出："技术本来就是表现为多种形态的，知识形态的，物化形态的，有形的和无形的，潜在的和现实的，从发明到一品技术再到多品技术。技术形态的转化就是它向生产力的转化过程，也是技术本身的不断完善化过程……技术之所以需要和可能进行创新，就是因为技术本来就是一个动态的过程。技术创新实质上就是在技术原理基本不变的情况下，技术形态的转化过程。"

技术过程论认为，技术包括技术构想，技术发明、设计、试制或试验，生产技术、产业技术等多种形态。由主观技术构想、创意而产生的技术发明是技术的初始形态，必须经过设计、试制和试验加以客观化、物质化，才能纳入生产劳动过程中去，成为生产技术。然而，单一的生产技术仍不能实现技术的最终目的，因为它只能完成产品生产的一部分或一个环节，必须有许多与之相匹配的一系列生产技术才能形成产品和服务；只有多种生产技术的综合，即完成生产技术的体系化或形成产业技术，才能实现技术的最终目的。[①] 也就是说，技术发明只是技术的初始状态，通过创新使其产业化变为产业技术，成为技术的最终状态，才能真正发挥技术的功能和作用。[②]

远德玉认为，产业技术是生产技术的体系化，是多种生产技术组成的系统。产业技术的基本特征主要表现在以下几点：①产业技术是体系化了的技术；②产业技术是社会化了的技术；③产业技术具有直接生产力功能；④与生产技术相比，产业技术是具有独特性的技术。他提出，以为把科技成果转化为生产技术就是产业化了，从而中止了创新过程，将使创新半途而废；以为有了放之四海而皆准的生产技术，只要引进过来不经过生产条件的重新组合就可以完全应用，就不是真正理解技术创新。[③] 因此，正确理解产业技术是完整准确地理解技术创新过程的关键。承认技术过程论，必须承认技术形态论。技术本来就有多种形态，产业技术是技术完善化的形态。只有产业技术，才能制造出产品和服务，并形成现实生产力，真正显示出技术的社会功能。

---

① 远德玉. 产业技术界说[J]. 东北大学学报（社会科学版），2000（1）：23.

② 远德玉，丁云龙，马强. 产业技术论[M]. 沈阳：东北大学出版社，2005：6.

③ 远德玉. 产业技术界说[J]. 东北大学学报（社会科学版），2000（1）：23–24.

产业技术是真正进入生产过程的技术，与生产技术的根本区别在于，它不仅在技术上是成熟的，而且是经过技术系统整合以及经济核算和制度规约的技术。产业技术作为技术的终极形态，它由生产技术转化而来。在转化过程中，生产技术与经济、制度和文化等要素发生作用，其质的规定性不断变化，最终演化为产业技术。展开来看，技术社会化的具体环节表现如下[①]：

系统整合。一项生产技术转变为产业技术，首先要进入并经过复杂的技术系统的整合。整合意味着设计和试验，只有经过反复设计和试验，才能够与其他技术匹配、契合，才能够实现技术目的，生产技术由此改变了自身的形态，成为产业技术。比如，一项新技术加入产业技术系统，要考察技术之间匹配的各项指标，以此确定最佳生产工艺方案和装配标准；要改进并完善技术系统结构，以便确定最佳工艺路线、工艺规程和工艺装备，等等。系统整合表现为新技术与已有技术的结合，最终把生产技术彻底转变为现实可用的产业技术。

经济核算。经济核算就是针对新技术产品的市场前景进行测算和成本分析。任何新技术的采用都包含着收益最大化的功利目的。相对于已有的技术而言，采用新技术如果没有带来边际收益率的增长，新技术不可能被采用。因此，生产技术转变为产业技术要经过经济核算，要针对采用新技术所需的原材料、人力和资金投入进行成本概算；同时，还要对预期销售收入进行测算。在收益率为正的前提下，根据用户的反馈意见，对产品结构、产品性能和产品包装进行改进，以期扩大生产规模，提高市场占有率。

制度规约。在一定意义上，产业技术自身所展现的技术规定性表现为一种规则体系。对一个产业而言，如何组织生产、如何进行生产，在技术上有其惯常的做法，这些做法在现实中是有效的，为同行在解决此类技术

---

① 远德玉，丁云龙，马强. 产业技术论[M]. 沈阳：东北大学出版社，2005：80.

问题时所遵从。这种规则体系是一种基于技术本身内在要求的制度性的约束条件，因而它也构成了一种制度规定性。当然，产业技术的制度规定性不只来自技术本身的设定，还体现在其他方面。比如，实现技术目的必须遵从市场规则，市场规则为技术活动设定了框架。尽管是一种相对间接的制度性规定，但值得注意的是，通过创新，使生产技术转变为产业技术，创新激励制度同样是必不可少的，即创新激励制度等间接性的制度要素是产业技术形成的有机组成部分，不可割裂开来。鉴于此，生产技术转化为产业技术要经过制度规约，规约意味着限定，限定既是某种束缚，也包含着激励性的制度安排。

1.4.2.2 技术创新扩散理论

熊彼特（J. A. Schunipeter）是技术创新理论的创始人，他认为技术创新扩散是技术创新的大面积或大规模的"模仿"。斯通曼（P. Stoneman）则认为：技术创新扩散是一项新技术的广泛应用和推广，一项新发明的技术只有得到广泛应用和推广，才能以物质形式影响经济。技术创新扩散理论经过近百年的发展，已形成包括传播论、学习论、替代论、博弈论、诱导论等在内的较为完整的理论体系。[①]

传播论认为，技术创新扩散的过程就是信息传播的过程，信息传播将会促使潜在的采用者改变其行为，变为现实的采用者。传播论的代表人物罗杰斯（Everett M. Rogers）在其经典之作《创新的扩散》中认为：技术创新扩散是创新技术在一定时间内，通过某种渠道，在社会系统成员中进行传播的过程。信息传播的渠道一般有大众传播和人际传播两类，大众传播是通过媒介进行的，人际传播是发生在人与人之间的信息交流，新技术拥有者向他人传播信息时往往会组合运用各种传播渠道。信息传播的模式通

---

① 郑金英. 菌草技术采用行为及其激励机制研究——以福建为例[D]. 福州：福建农林大学，2012：25.

常分为直接传播、间接传播和多级传播。一项新技术刚进入市场时，往往最先采用直接传播模式，因为较少有人了解此新技术，扩散速度缓慢；随着时间的推移，采用者在不断增多，这些采用者也变成新技术的供应者和传播者，间接传播和多级传播增多，创新扩散的速度大大提高；但新技术的扩散到了一定时候，随着潜在采用者不断减少，市场需求趋于饱和，扩散速度就会下降；因而，技术创新扩散过程随时间变化呈现"S"形曲线。

学习论认为，技术创新扩散的采用者在得到新技术信息后不会立即采用，其间还有一个学习消化的过程。曼斯菲尔德（E. Mansfield）指出，技术创新扩散过程主要是个模仿的过程，但模仿不是简单模仿，模仿中有创新，是一种高层次的学习。戴维（P. David）和戴维斯（S. Davies）把技术创新扩散中采用者的采用行为视为是一个"刺激—反应"过程，即当新技术施与潜在采用者的刺激达到某个临界水平时，潜在采用者会就采用新技术做出某种决策。斯通曼（P. Stoneman）强调，潜在采用者采用新技术时，过去的经验会影响潜在采用者现在对新技术采用效果、不确定性和风险的预期，由此影响到潜在采用者的采用决策。

替代论认为，新技术对老技术的替代是技术创新扩散的主要表现。可以从时间和空间两个维度来描述技术创新扩散的替代：著名的 Fisher-Pry 时间替代模型，认为技术替代是两种技术（产品）竞争的结果，新技术逐步替代老技术；哈格斯特朗（T. Hagerstrand）构建出一个空间替代模型，将空间作为一个影响技术创新扩散的重要变量，研究空间距离的远近如何作用于新技术的扩散，并且运用数学工具来描述、预测新技术扩散的过程，为技术空间扩散研究奠定了理论基础。

博弈论研究的是：当各个决策主体的行为相互间发生直接作用的时候，如何决策以及决策如何均衡，即当一个主体的选择受到其他主体选择影响时的决策问题和均衡问题。首个在创新扩散过程研究中引入博弈论的是 Reinganum。他认为：当一项创新技术被引入市场，采用创新技术的收益随时间推移而发生变化，任一时间创新技术的采用程度决定于采用创新技术的收益与成本相等的均衡。创新技术采用越早，其采用收益越高。随着已采用创新技术用户数量的增加，采用创新技术的收益将下降。但创新技术采用越晚，其采用成本越低。垄断博弈均衡会导致潜在采用者不同时期采用新技术，从而可以得到一条关于时间的扩散曲线。

对农户技术采用诱导因素的研究主要有两大观点：一是经济收益诱导农户采用新技术，二是资源禀赋诱导农户采用新技术。持经济利益诱导农户技术采用行为观点的代表理论主要有 Bogors、Cochrane 的技术踏车理论和 Kislev、Shchori-Bachrach 的新技术比较优势理论。技术踏车理论认为，在市场竞争的环境中，受获取利润的驱使，有着较高收益期望的农户往往会先行尝试新技术。新技术的采用，一方面让先采用农户获取了超额利润，另一方面增进了未采用农户对新技术的了解和接受，降低了后来者技术采用的风险，于是采用新技术的跟随者大量出现。随着采用新技术的农户增多，新产品供给增多导致价格下降，之前获得的超额利润逐渐失去，农户于是又开始新一轮的寻求可能带来超额利润新技术的过程，如此反复形成周期性，这就是农业技术"踏车效应"。技术踏车理论的要义就是：农户要实现利润的最大化，只有不断采用农业新技术，不采用新技术，就要遭受亏损以及承受被淘汰的风险。这造就了一种既有动力又有压力的农户自愿采用新技术的驱动机制。类似于技术踏车理论，比较优势理论也强调技术采用决策过程中的比较利益原则。农业新技术首先被有经验的熟练生产者所采用，在他们的成功实践示范作用下，未采用农户了解了新技术，对新旧技术进行比较，强化了收益预期，减少了新技术采用风险，从而改变了为采用农户生产函数中的技术变量权重。由于不同农户的情况和学习过程不同，权重变化的程度也不相同，于是产生了区域内农户技术采用先后和速率的差异。资源禀赋诱导理论认为，农户选择和采用新技术的动力取决于所拥有或可获得要素的稀缺程度。在劳动充裕、土地稀缺的经济状况中，农户将会通过新技术的产业来提高土地生产率。资源禀赋诱导理论将技术作为特定条件下农户发展生产的关键变量，对农户自下而上的技术采用过程做出了解释，为技术创新的农户需求决定论提出了依据。

1.4.2.3 农户行为理论

农户行为的研究在西方主要有自给小农学说、理性小农学说、有限理性学说三个流派[①]：

自给小农学说。恰亚诺夫（A. V. Chayanov）认为，农户这种血缘统一体单纯地以满足自家消费为目的，形成了独特的决策行为体系，有着自身的一套行事逻辑和原则。农户经济依靠自身劳动力而不是雇佣劳动力来发展；满足家庭自给需求是农户生产的主要目的，而非为了追求市场利润最大化而进行生产；农户为了生存往往亏本也要继续经营，因此他们的行为可说是非理性的。波兰尼（Karl Polanyi）对资本主义经济学将市场、利润的追求普遍化和将功利的"理性主义"世界化的分析思路与方式进行了批评，提出资本主义市场经济出现之前，经济行为都是建基于社会关系的维系，而不是市场竞争和利润追求的驱动，因此，要将相应阶段的经济生产作为社会制度过程开展研究。斯科特（James C. Scott）追随恰亚诺夫、波兰尼的研究思路，提出了风险厌恶理论。他在《农民的道义经济学》中指出，农户厌恶风险，"规避风险，安全第一"是其决策行为奉行的原则，他们通常做出回报较低但较稳定的策略，而不是回报较高同时风险也较高的策略，只为避免可能遭遇的经济风险。在采用新技术这一方面，农户除非能获得立竿见影、确保无误的经济效益，否则不会轻易接受新的技术和生产模式。农户的风险厌恶心理影响着新技术的扩散和应用，厌恶程度与其收入和财富呈负相关关系。

---

① 郑金英. 菌草技术采用行为及其激励机制研究——以福建为例[D]. 福州：福建农林大学，2012：27-29.

理性小农学说。舒尔茨（T. W. Schultz）是此学派的代表人物。他认为，可以把传统社会的一个个小农看成是一个个资本主义的企业，他们是追求利润最大化的"经济人"，因此要用分析资本主义企业的经济学原理来研究小农的经济行为。小农是传统农业技术状态下有进步精神并最大限度利用了生产机会和资源的人，他们按照经济理性行事，为了获得最大化利润，在开展生产时总是很好地考虑边际成本与边际收益的关系。波普金（Saimial Popkin）进一步发展了舒尔茨的观点，在《理性小农》一书中同样指出，不能认为小农的行为没有理性，小农在市场活动、政治活动中都进行着理性的投资。在农业生产经营上，小农对利润的追求绝不亚于任何资本主义企业家，把小农的农场比作资本主义的"公司"是最合适不过的，他们总在追求以最小的成本获取最大的收入，在权衡了利益与风险之后做出理性选择。

有限理性学说。黄宗智等人则认为，长久以来小农都是介于理性和非理性之间的行为混合体。小农一方面是维持生计的生产者，另一方面也是追求利润的计算者，在经营规模较小时主要考虑的是维持生计，在经营规模较大时则追逐利润的最大化。中国的农户就是这种行为混合体，在市场经济的冲击和家庭劳动结构的制约下，他们的生产活动以家庭为主导，生产动机融合了维持生计和追求利润最大化，可以将他们的理性称之为"有限理性"。艾利斯（Frank Ellis）也认为，农民是否理性取决于自身属性和外部环境因素，在信息、投入、产出等多数要素具备时，农民就会理性行事，否则就会做出非理性行为。

1.5 研究方法

本书采用的是实地研究方法，深入调查农户的生产、生活背景，以非结构访谈和参与观察的方式收集资料，并通过对这些资料的定性分析来理解和解释农户的技术采纳行为。本书的具体收集资料方式包括非正式的、随生产生活事件自然进行的各种观察、旁听和闲谈，也包括正式的采访、座谈和参观等。

本书从农业两大部门（畜牧业、种植业）中选取生猪产业和柑橘产业，将生猪主产区马家湾村和柑橘主产区石门县作为调查地区，并根据两地农业技术推广的实际情况和技术专家的建议，选择近几年正在推广的垫料养猪技术和柑橘密改稀技术，以这两种技术为例来研究农户的技术采纳行为。

本书采用目的性抽样中的极端型个案抽样策略。马家湾村垫料养猪技术是技术社会化一个失败的案例，而石门县柑橘密改稀技术是技术社会化一个成功的案例。通过对这两个极端案例开展密集的现场调查，力图弄清这么几个问题：不同类型农业技术由生产技术向产业技术转化所要经过的共同环节有哪些？农户采纳技术的共同决策事项有哪些？每一决策事项的重点影响因素有哪些？为什么马家湾村垫料养猪技术没被农户采纳，而石门县柑橘密改稀技术被农户采纳了？一种农业技术在什么情况下能够实现技术社会化，又在什么情况下只能停留在生产技术形态。

1.5.1 资料收集

研究人员在 2010 年、2014 年、2016 年的 7~8 月，三次进入马家湾村进行实地调查，采用开放式与半开放式形式，共访谈各类人员 261 人次，访谈时间平均持续 2 小时 / 次，最长为 3 小时 20 分钟。访谈对象主要涉及良种养猪技术采用、沼气技术推广、垫料养猪技术过程中的相关人员。具体访谈情况如下表：

表 1-1 马家湾村实地调查访谈表

采用技术	地区	访谈对象		访谈人次
良种养猪技术采用（20世纪80年代初—90年代中期）	浏阳市	畜牧局畜牧兽医师		1
		原外贸局何阳春		2
	葛家镇	原主管农业乡长		1
		原畜牧站站长		1
		乡党委乡志撰写者		1
	马家湾村	原村长		1
		原村支书		1
		第一批良种猪养殖农户或其他知情人（如亲戚、朋友）		5
		第一个畜牧兽医		1
		第一个喊猪人（经纪人）		1
		第一个跑大车的		1
		第一个赶公猪（人工授精）的		1
		第一个卖饲料的		1
		第一个卖自配料的		1
		第一个开兽药店的		1
		第一个小猪贩		1
沼气技术采用（20世纪90年代中期至今）	葛家镇	原主管农业乡长		1
		主管农业乡长		1
		能源、农科教专干		1
		原畜牧站长		1
		官方沼气技术员		1
	马家湾村	民间沼气工人		3
		原村长		1
		村长		1
		第一个采用沼气技术的示范农户之子（父亲已故）		1
		第一批采用沼气技术的农户		8
		负责种猪供应的农户		9
		负责饲料销售的农户	专营	13
			兼营	8

采用技术	地区	访谈对象		访谈人次
沼气技术采用（20世纪90年代中期至今）	马家湾村	提供猪病防治防疫的农户		12
		养殖户	大户（存栏500头以上）	17
			中户（存栏100头以上）	32
			散户（存栏50头）	13
		专繁殖猪崽的农户		5
		饲料销售商		16
		育肥猪经纪人		4
		崽猪经纪人		4
		兼职		2
		育肥猪销售户		7
垫料养猪技术采用（2008年至今）	湖南省	湖南省委致公党人员		2
		湖南泰谷生物有限公司人员		2
		湖南洛东生物公司人员		2
		湖南农业大学教授		4
		湖南农业大学动医专业学生		4
	浏阳市	主管农业副市长		1
		农办工作人员		1
		农业局局长		1
		农业园工作人员		3
		合作社代表		5
		沿溪镇镇长		1
	葛家镇	农办主任		1
		畜牧站站长		1
	马家湾村	村长		1
		村支书		1
		会计		1
		村委会其他成员		4
		第一个采用零排放技术农户		1
		第一批采用零排放农户		8

续表

采用技术	地区	访谈对象	访谈人次
垫料养猪技术采用（2008年至今）	马家湾村	第二批采用零排放农户	5
		葛家镇敬老院	1
		马家湾农户	15
		马家湾养猪合作社	7
		浏阳楚韵生态养殖有限公司人员（马家湾村）	3
		葛家镇邻乡镇的养殖工厂（公司）人员	4

　　研究人员先后三次在中国柑橘中心长沙分中心进行访问，于2013年、2015年、2017年的7~8月三次去湖南省柑橘主产区常德市石门县进行实地调研，共访谈140人次，积累近50万字的访谈资料。调查主要采用开放式与半开放式访谈形式，访谈时间平均持续为1小时20分钟，最长为2小时36分钟。访谈对象主要包括农户、科研机构、基层政府、柑橘协会、柑橘合作社、柑橘园艺场、柑橘收购商、柑橘加工企业、柑橘生产资料销售商。具体访谈情况如下表：

表1-2　常德市石门县实地调研访谈表

地区	访谈对象	访谈人次
长沙市	中国柑橘中心长沙分中心首席专家、湘西地区科技特派员、转基因安全性评价领域博士	8
石门县	县柑橘办	7
	县柑橘协会	3
	秀坪园艺场、龙凤园艺场、株木岗园艺场、三花园艺场	15
	二都果木专业合作社	7
	农户	79
	私人收购商	9
	柑橘生产资料销售商	6
	石门县三圣生态农业科技有限公司、秀坪打蜡厂	6

1.5.2 资料整理分析

研究人员按照质的研究的步骤对调查资料进行了整理分析[①]。

研究人员认真阅读原始资料，熟悉资料的内容，仔细琢磨其中的意义和相关关系，对原始资料采取一种主动"投降"的态度，把自身有关农户技术采纳行为的前设和价值判断暂时悬置起来，让资料自己说话。收集到的资料已经成为"文本"，文本是有生命的，研究人员尽量避免受自己前设的影响而过多地读出文本本身没有或没有强调的问题。

在阅读原始资料的同时，研究人员不断在资料中寻找意义，这个过程主要是从语词层面和主题层面进行的。在语词层面，寻找访谈对象表达的重要的词、短语和句子及有关概念和结论；在主题层面，寻找与农户采纳技术的主要决策事项、重点影响因素有关的、反复出现的行为和意义模式。从这两个角度对资料进行透射，使资料本身蕴含的意义显现出来。

研究人员对资料进行了登录，将收集的资料打散，赋予概念和意义，再以新的方式重新组合在一起。最开始时，研究人员对资料中的每一个词语都进行认真考量，随着分析的不断深入，分析的范围从语词扩大到句子、段落，研究人员为有意义的资料设立了码号。设立码号的标准是有关词语或内容出现的频率。如果某些现象在资料中反复出现，形成了一定的"模式"，那么这些现象往往是资料中最为重要的内容，需要进行重点登录。为了保留资料的"原汁原味"，登录时，研究人员尽量使用访谈对象之间的语言作为码号。访谈对象自己的语言往往代表的是对他们自己来说有意义的"本土概念"，作为码号可以更加真切地表现他们的思想和情感感受。

马家湾村垫料养猪技术的资料登录过后，产生了32个码号。它们分别是：01补助、02负担重、03划不来、04猪价跌、05操作不到位、06温度太高、07垫料薄了、08补贴没到位、09身体危害、10不按建筑面积补、

[①] 陈向明. 质的研究方法与社会科学研究[M]. 北京：教育科学出版社，2000：277.

11 行情不稳、12 成本增高、13 不好消毒、14 只补垫料池子、15 只补了两批人、16 累得要死、17 不适应气候、18 劳动量大、19 环保猪场、20 技术不成熟、21 要说话算数、22 环保意识、23 垫料、24 污染环境、25 没验收没补助、26 环保栏、27 亏本、28 影响猪肺、29 公司投入不长效、30 没有时间、31 要赚钱、32 加强投入。

石门县柑橘密改稀技术的资料登录过后，产生了 29 个码号。它们分别是：01 便于培管、02 收购行情、03 卖得到钱、04 果子乖质（优质）、05 果型好、06 技术指导、07 根据自己的经验、08 看效果、09 光照充分、10 技术培训、11 搞实验、12 市场要求、13 逐渐搞稀、14 受益、15 柑橘办、16 柑橘协会、17 专家是一家之言、18 分批实施、19 提高个体产量、20 农家乐、21 不是一律都接受、22 立体种植、23 引导宣传、24 定型推广、25 摸索经验、26 专家讲课、27 开会、28 示范、29 跟上面沟通衔接。

研究人员在分析了这些码号的意义之后，发现它们大概可以归为四个类属，即经济、技术、支持和习惯。

经济方面：

马家湾村垫料养猪技术有：01 补助、02 负担重、03 划不来、04 猪价跌、11 行情不稳、12 成本增高、19 环保猪场、23 垫料、26 环保栏、27 亏本、31 要赚钱。

石门县柑橘密改稀技术有：02 收购行情、03 卖得到钱、2 市场要求、14 受益。

技术方面：

马家湾村垫料养猪技术有：05 操作不到位、06 温度太高、07 垫料薄了、13 不好消毒、17 不适应气候、20 技术不成熟、28 影响猪肺。

石门县柑橘密改稀技术有：01 便于培管、04 果子乖质（优质）、05 果型好、09 光照充分、13 逐渐搞稀、19 提高个体产量、20 农家乐、22 立体种植。

支持方面：

马家湾村垫料养猪技术有：08 补贴没到位、10 不按建筑面积补、14 只补垫料池子、15 只补了两批人、21 要说话算数、25 没验收没补助、29 公司投入不长效、32 加强投入。

石门县柑橘密改稀技术有：06 技术指导、10 技术培训、15 柑橘办、16 柑橘协会、23 引导宣传、24 定型推广、26 专家讲课、27 开会、28 示范、29 跟上面沟通衔接。

习惯方面：

马家湾村垫料养猪技术有：09 身体危害、16 累得要死、18 劳动量大、22 环保意识、24 污染环境、30 没有时间。

石门县柑橘密改稀技术有：07 根据自己的经验、08 看效果、11 搞实验、18 分批实施、21 不是一律都接受、17 专家是一家之言、25 摸索经验。

研究人员最终确定农户采纳技术的主要决策事项为：划算吗、先进适用吗、补贴服务跟得上吗、符合文化习惯吗。与此相对应，农业技术由生产技术向产业技术转化所要经过的环节为：技术成本效益的计算、技术先进适用性的判断、社会补贴服务的激励；地方文化习惯的接纳。基于以上分析，本书的主体内容便是以下四部分内容：技术经济效益与农户技术采纳行为、技术属性与农户技术采纳行为、补助服务与农户技术采纳行为、文化习惯与农户技术采纳行为。

2 文献综述

农户作为农业新技术的最终接受者和使用者，在农业技术推广与扩散中具有主导地位，农业技术推广与扩散的成败在很大程度上取决于农户的技术采纳决策。国内外学者围绕农户技术采纳相关问题进行了大量卓有成效的定量研究与定性研究。

2.1 农户技术采纳行为的定量研究

Rain 和 Gross（1943）的研究认为，人际网络对于技术扩散发挥着重要作用。

Griliches（1957）研究认为，一项技术能否被农户接受，取决于该技术与现存农作系统的相容性、技术本身的相对优势、简便性、可试验性、可观察性等因素。

Hicks 等人（1970）研究认为，农户的农业技术采用行为受到其耕地禀赋和收入的重大影响，当农户缺乏某种资源时，为了节约该种资源的消耗量，农户会倾向于采用相应的新技术，从而促进了该种新技术的采纳。这就是著名的农业技术诱导理论。

E. A. Havens（1975）研究认为，资源分配、公共政策、社会结构、农地制度、市场风险等是影响农户技术选择的主要因素。

Schultz（1977）研究认为，农民受教育水平和自身素质的高低与新技术采用的可能性呈正相关关系。

Gafisi 和 Roe（1979）研究发现，相比那些还不为人知的新品种，已经被大多数人了解的新技术更容易被采纳。

Rogers（1983）研究发现，农户户主的文化程度越高、个人见识越广，越容易受到农业技术扩散的影响。

Caswell 等人（1985）研究了美国加利福尼亚州果农选择灌溉方式的影响因素，结果表明，现代灌溉方式相比传统技术，节水程度高、市场网络广泛、农户的收入水平高，这大大促进了现代灌溉方式的采用，使用地下水的农户比使用地表水的农户更容易使用现代节水技术。

Caswell 等人（1986）研究了地下水深度和土地质量对灌溉技术选择的影响，结果显示，地下水越深和耕地质量越差的地方，越容易采用节水灌溉技术。

Nowak（1987）的研究显示，农户在采纳保护耕地的农业技术过程中，十分重视相关信息的获取，如果没能掌握足够的信息，农户就会认定该项技术不能获利且具有风险。

Davis 等人（1989）研究认为，无论新技术的操作是复杂烦琐，还是简单便利，潜在采纳者都会先对新技术进行需求判断、个人观感和价值评价，然后才会投入精力和时间去了解、试用。

Leather 和 Smale（1991）认为农民采用新技术具有不完全性，是一个学习的过程。农民在前一期采用新技术后，会基于之前获得的信息对采用全套新技术盈利性的真伪做出判断，从而决定是否采用全套新技术。

Dinar 等人（1992）对以色列的漫灌、移动式喷灌、渠道防渗、低压管道输水、滴灌等七种灌溉技术的采纳进行了研究，结果表明，技术的扩散受到水价、种植作物收益和政府对灌溉设施补贴的显著影响。

Adesina 和 Zinnah（1993）研究认为，农民年龄越小越容易采纳新技术，年龄越大，对风险等因素的考虑越多，越倾向于采用传统技术。

Atanu Saha 等人（1994）研究发现，个人禀赋影响到农民对新技术的采纳，其中最重要的是教育程度；农民的经营规模越大，采纳新技术的可能性也越大。

Saha、Love 和 Schwart（1994）对不完全信息扩散条件下生长激素（BST）的采用行为的研究认为，农户采用的决策行为分为三个阶段，即知道这种新技术、决定采用以及确定采用强度。以 BST 技术的采用为例，农户的年龄和教育水平对农户是否了解 BST 影响较大，农场规模对于农户是否采用 BST 影响有显著正向影响，早期的采用者往往是没有经验的农户。

Green 等人（1996）的研究表明，对现代灌溉技术的采用发挥显著作用的是作物特性、耕地特性和是否使用地表水等因素，越是使用地表水的、土壤的渗透性越强、土地坡度越大、农户的耕地规模越大，越容易采用滴灌技术。

Barkley 和 Porter（1996）对美国堪萨斯州九个观测点 1974 年到 1993 年的数据进行了分析，结果显示，品种的生产特征和质量是影响小麦品种选择的决定因素。

Barham（1996）分析了 BST 技术在美国威斯康星州从事乳业生产的农民中的采用和扩散，结果显示，农民获取信息的过程不同导致其技术采用和扩散的路径也不同。

Chaiwat Chanchowe（1997）研究了水稻种植农户规避生产投入风险行为，发现农户的生产投入决策与其年龄、收入和家庭人口数量多少因素相关。

Igbaria 等人（1997）研究认为，农户如果认为循环农业技术是易用的，对它更感兴趣并且采用的意愿更强，且采纳意愿也会提高，也就是说，知觉易用性会正向影响知觉有用性。

Souza Filho（1997）对巴西的外部投入较低的可持续农业技术（LEISA）进行的研究表明，LEISA 技术的扩散受到农产品价格下降和非政府组织的技术推广服务的有力推动。

D. Souza 和 Gebremedhin（1998）等人研究了可持续农业技术的利用与市场与政府的功能、人口、经济、公共政策、家庭、社区、土地利用等的关系。

Bonabana（1998）研究认为，农户通过在农民田间学校的学习和相互间的信息沟通，增加了知识和人力资本，才更可能采用新的可持续农业技术。

Negatu 和 Parikh（1999）研究认为，农户了解到的某项技术能够增加利润的信息越多，越能促使他们采纳该项技术。

Schultz（1999）研究认为，农户对新农业生产要素的寻求、学习使用和接收速度，对其技术采用行为有着关键影响。

速水佑次郎和弗农·拉坦等（2000）研究发现，要素禀赋条件是影响农业技术选择的主要因素，农户技术的选择行为受到要素相对价格变动的较大影响。

Carey 等人（2002）的研究认为：水源充足地区的农户更容易采用节水技术；水源短缺的地区，如果存在水市场，农户会因为能够在水市场上获得更多的水供给而延期采纳节水技术，如果没有水市场，农户更会立即采纳节水技术。

Feder 等人（2003）研究认为，农民拥有 IPM 技术的知识越充分，就越对采用该技术的前景感到乐观，从而增加了采用该技术的可能性及程度，而农民最重要的知识来源是其他农民传播开来的技术信息。

Rogers（2003）研究认为，对新技术带来改善效果的感知是促使潜在采纳者变成实际采纳者的重要因素，结果展示是农户获得感知的重要途径。

Sheikh（2003）研究认为，农户采用免耕技术主要与农户跟技术推广部门联系的紧密程度有关。

Cai 等人（2004）研究提出一个分析有利情况下农户最大化预期利润和

不利情况下最小化损失风险的模式。在干旱年份，水的可获得性有限，运用节水灌溉技术维持作物的生产可以稳定农户收入；在普通年份，尤其是降雨量充沛的年份，水的可获得性增强，对灌溉水需求减少，这时，有的节水灌溉技术就不适用。因此在研究农户采用灌溉技术问题时，需要将未来水文状况这个不确定变量的影响考虑进去。

Jeff Alwang 等人（2005）的研究发现，厄瓜多尔农户种植马铃薯获得的 IPM 技术知识对他们采用新技术影响最大，这些知识是农户从农民田间学校、田间试验、技术手册和其他农户那里得来的。

Maria（2005）研究表明，厄瓜多尔马铃薯种植农户对病虫害综合防治技术的采用，主要受到自身受教育程度的较大影响。

Wang 等人（2006）的研究显示，农户的知觉有用性正向影响着采纳新技术的意愿。

J. D. Homa、M. Smale 和 M. von Oppen（2008）对尼日利亚农户选择水稻新品种的偏好和意愿进行了研究，结果显示，农户的经济条件、社会经验及对水稻品质特性的了解影响其选择水稻新品种时的决策。

齐振宏等人（2002）调查研究了湖北省的稻农水稻新品种选择的影响因素。结果显示，采用新品种的成本和预期收益决定着农户是否采用水稻新品种，对水稻新品种选择有显著影响的因素还有农户的年龄、受教育程度、收入以及健康状况等个人、家庭、社会经济特征和水稻种植面积。

张舰、韩纪江（2002）研究发现：对于大棚技术的采用，年龄、户主从事非农业程度和地区差异有着较为显著的影响。

孔祥智等人（2004）基于对我国西部陕西、宁夏、四川三省区 419 个农户样本、28 个村级样本的调查，分析了两种采纳成本属于不同层次的技术（小麦新品种技术和蔬菜、水果的保护地生产技术）的采纳情况。结果显示，农户采纳农业新技术可能性的大小受到新技术进入门槛和采纳机会成本的共同影响。

韩青、谭向勇（2004）对山西省农户灌溉技术选择的影响因素做了研究。结果显示，在灌溉技术的选择上，粮食作物和经济作物存在明显差异，水利用率较低的传统技术一般被粮食作物采用，而水利用率较高的现代技术往往被经济作物采用；农户选择灌溉技术受到水资源短缺程度的影响；水价和是否有政府扶持对粮食作物灌溉技术的选择没有明显影响，而对经济作物灌溉技术选择有着显著的影响。

张云华等人（2004）对山西、陕西和山东15县（市）353个农户采用无公害及绿色农药行为的影响因素进行了分析。研究显示，农户采用无公害及绿色农药的主要影响因素包括耕地特征、农户的人口、农户能力特征、农户对农药的认识、农户与涉农企业和农业专业技术协会的联系。

蒙秀锋、饶静、叶敬忠（2005）研究了农户选购农作物新品种决策的影响因素，结果显示，农户的内部因素（农户受教育程度、农户收入水平、农户收入来源、耕地面积和劳动力状况）和外部因素（新品种特性、新品种价格、新品种的广告宣传、进步农户的"带头"作用、种子销售人员的业务素质、种子经营单位的数量、农业技术推广部门、国家和地方的相关政策和种植习惯）共同影响着农户对农作物新品种的选择。

曹建民、胡瑞法、黄季焜（2005）对农民技术培训行为与技术采用意愿的关系进行了考察。研究发现，农民的个人特征、家庭特征和农民掌握的信息等因素决定着农民参加技术培训的行为；对于农民技术采用的意愿，技术培训是较为重要的影响因素，通过技术培训，农民采用新技术的愿望极大增强。

韩青（2005）分析了农户技术选择中激励机制的作用。研究发现，农户选择先进节水技术的预期能因有效的激励机制而增强，激励机制能促使农户灌溉技术供给行为从违约转向合作，从而增加节水灌溉技术的供给。

赵丽丽（2006）研究认为，农户对可持续农业技术的采用受到其年龄、收入状况等因素的较大影响，并且农户技术选择行为与政府的技术选择取向存在差异。

金爱武等人（2006）调查研究了浙江和福建3县（市）697个农户毛竹培育技术选择的影响因素。研究显示，对于采用竹林培育新技术，农户已有的经营习惯、获取技术的渠道、竹林立地条件的影响较大。

刘万利、齐永家、吴秀敏（2007）对四川省316个养猪农户采用安全兽药的意愿开展了调查。研究显示，养猪户采用安全兽药的意愿受到养猪户的性别、年龄、养猪年数、养猪户是否了解兽药残留对人体的危害、养猪户是否了解安全兽药的效果、养猪方面的产业化组织是否提供服务、在使用兽药过程中是否得到政府支持的很大影响。

刘红梅、王克强、黄智俊（2008）对农户采用节水灌溉技术的影响因素进行了分析。结果显示，诸多要素对农户采用节水灌溉技术起到促进作用，包括扩大经营规模、培育用水者协会等民间组织、实行定额用水并给予农户剩余水权的处分权、提高节水灌溉财政投入决策过程中的公众参与程度、加大财政扶持、提高农民文化水平、加大节水宣传教育力度。

廖西元等人（2008）对全国18个省（区、市）47个水稻科技入户示范县（市、区、农垦局）农业技术人员的推广行为和推广绩效进行了调查分析。结果显示，推广绩效受到农业技术推广形式和内容的重要影响，农业技术人员的指导次数越多、下田越频繁、指导时期越及时、农户的熟悉程度越高、推广内容指导得越好，农业技术推广绩效就越好。

李冬梅等人（2009）研究了四川省水稻主产区402户农户选购和使用水稻新品种的意愿及影响因素。结果显示，水稻产量、出售水稻的数量、农业技术员推广和亲戚朋友的购种行为与农户对水稻新品种的选择呈正相关关系；目前的种植业收入与农户选种呈负相关关系；农户以往的种植习惯、土壤特性、媒体广告宣传、种子公司推荐和农户年龄对其使用新品种意愿的影响，在不同地区存在差异，有的地方是正向影响，有的地方是负向影响。

崔奇峰、王翠翠（2009）对江苏省农村户用沼气消费情况进行了调查。结果显示，农户选择使用沼气的最大推动因素是政府提供资金和技术支持，人均生猪饲养量、家庭留守人口中最高受教育年限对农户选择行为起到正向作用，人均纯收入、家庭外出打工人口比例、农户位于粮食主产区、农户使用液化气对农户的选择行为起到负向作用。

杨建州等人（2009）对福建省永安市农户选择农业部农业农村节能减排"十大"技术的主要影响因素进行了调查分析。结果显示，沼气技术的采用上，农户受是否获得政府补贴、对污染的可控性态度、经营土地总面积和家庭能源月消费额四个因素的显著影响；太阳能技术的采用上，农户的受教育年限、采纳技术是否获得政府补贴是重要的影响因素；轮作技术的采用上，农民的受教育年限、经营土地总面积、获取农业信息的渠道数、是否参加农业技术部门的指导和培训、对农业部门的服务是否满意是主要的影响因素。

罗小锋、秦军（2010）对全国 2110 户农户开展调查，对比分析了农户对新品种和无公害生产技术的采用及其主要影响因素。结果显示，农户采用新品种和无公害生产技术都受到文化程度、借款难易、信息可获得性的显著影响；户主年龄、技术作用认知、耕种面积、年总收入因素，只对新品种的采用有着显著影响，对无公害生产技术的采用则没有显著影响；政府补助只对无公害生产技术的采用有显著影响，对新品种的采用没有显著影响。

唐博文、罗小锋、秦军（2010）研究了农户采用新品种技术、农药使用技术和农产品加工技术的重要影响因素。结果显示，农户家庭特征、外部环境特征和技术自身特征的差异，使得农户的技术采用行为也呈现差异，同一变量对农户采用不同属性技术的影响各不相同。参加技术培训、信息可获得性、对技术作用认知因素显著影响三种技术的采用；专业技能、社会公职、外出务工比例、农户年收入因素不对三种技术的采用产生什么影响；受教育程度、耕地面积、借款难易、参加合作组织、户主年龄只显著影响部分而非全部技术的采用。

满明俊、周民良、李同昇（2010）研究了陕甘宁村庄农户采用不同属性技术的行为。结果显示，农户对新技术的采用受到技术属性的显著影响，农户技术采用决策存在差异的主要原因就是在于不同技术具有的收益水平、技术风险以及对资源依赖程度存在差异，农户采用不同属性技术的行为与影响因素呈现线性关系或者"正 U 型""倒 U 型"关系。

满明俊、李同昇（2010）研究发现，农户采用新技术的行为基本符合"理性小农"理论和"技术诱导"理论，农户技术采用决策最重要的三种影响因素分别是家庭经济水平、技术投入成本和技术风险情况。

刘国勇、陈彤（2010）对新疆焉耆盆地农户主动选择节水灌溉技术的内在影响因素进行了调查。结果显示，农户主动选择节水灌溉技术受到农户的年龄、是否统一种植、对节水灌溉重要程度的认识、节水灌溉是否有风险等因素的显著影响。

高雷（2010）研究认为，农业潜在的生产力转化为现实的生产力有赖于农户对先进技术的采纳，农户采纳行为受到内、外因素的影响，内部因素主要有农户的文化素质、风险偏好、农户对农业新技术的态度等，外部因素主要有农村文化、农户的价值观念、农户所处的社会阶层、农村基层组织、农业保险以及农业推广体系等。

王宏杰（2010）调查分析了武汉市三个区农户采纳农业新技术的意愿及其影响因素。结果显示，农户采纳新技术的意愿受到农户文化程度、农业科技人员服务水平和技术来源渠道是否畅通三个因素的显著正向影响。

秦军（2011）分析各种因素对农户生产技术需求的影响程度，结果显示，农户采用农药技术受到其文化程度、是否参加技术培训、借款难易、政府扶持的显著影响。

李俊利、张俊飚（2011）对河南省 18 个县市农户采用节水灌溉技术情况及影响因素进行了调查研究。结果显示，对农户采用节水灌溉技术有显著影响的因素包括水资源稀缺程度，政府的资金补贴，水费计量标准，户主性别、年龄、打工经历等。

王士超等人（2011）调查研究了河北平原农村小型户用沼气建设意愿及其影响因素。结果显示，农民受教育程度对参与小型户用沼气建设的意愿起到显著负作用，而农户人均纯收入和劳动力占家庭总人口比重起到显著正作用。

李后建（2012）对中国粮食主产省农户采纳循环农业技术的意愿及其影响因素进行了研究。结果显示，心理因素方面，知觉易用性和知觉有用性是促使农户采纳循环农业技术的关键。外部因素方面，技术特征、结果展示和采纳条件有助于农户知觉循环农业技术的易用性和有用性；农户循环农业技术采纳的意愿受到技术特征和采纳条件直接和间接的正向影响；外部因素、内部信念对农户循环农业技术采纳意愿的作用程度，会随着农户收入或受教育水平的提高而增强。

陶群山、胡浩、王其巨（2013）对安徽省336个农户新技术采纳意愿的影响因素进行了分析，结果显示，农户的社会关系网络越小，新技术越容易，农户采纳新技术的意愿越强烈，农户的环境意识越强，销售渠道越畅通，政府补贴越多和新技术宣传越充分，农户采纳新技术的意愿越是强。

王琛、吴敬学（2016）运用河南、辽宁两省粮食生产大县的粮食种植农户生产行为调研数据，从农户视角考察影响农户对生物化学型和机械型技术选择的因素。研究结果表明，农户的个体间差异导致对两类技术需求的偏好不同，提高技术感知易用性对农户选择新技术的意愿有显著正向影响。

乔金杰等人（2016）利用山西和河北两省调研数据，检验了政府补贴对低碳农业技术采用的干预效应。研究结果表明，补贴政策对技术采用具有显著的促进作用；技术风险对技术采用具有显著的阻碍作用；补贴分配具有一定的内生性，参加项目是补贴分配的制度门槛，土地规模和土地产权是补贴分配的显著制约因素。

朱萌等人（2016）基于湖北五市 320 户稻农的调研数据，分别探讨了稻农采用新品种技术、病虫害防治技术、机械化技术的影响因素及其层次结构。研究结果表明，是否参加农业保险、国家粮食补贴金额、水稻种植规模、家庭人均年收入、种粮积极性、家庭人口数量显著影响稻农采用新品种技术。

苗建青、李容、杨庆媛（2017）探讨了影响石漠化地区农户生态农业技术采用意愿的因素。结果发现，在生态脆弱区的石漠化地区，土地禀赋对生态农业技术的传播具有强烈制约作用，政府的扶持能够推动生态农业技术的推广，生态文明的建设需要吸引高素质的人才。

宾幕容、文孔亮、周发明（2017）基于湖南 462 个养殖农户调查样本，对农户畜禽养殖废弃物资源化利用技术采纳意愿进行研究，结果表明，感知有用性、感知易用性、感知经济性和主观规范对农户畜禽养殖废弃物资源化利用技术采纳意愿均具有正向显著影响；感知经济性和感知易用性均通过感知有用性的中介作用，对农户畜禽养殖废弃物资源化利用技术采纳意愿产生间接的正向影响；感知经济性对感知有用性具有显著影响，但是感知易用性对感知有用性的影响不显著。

李曼、陆迁、乔丹（2017）以甘肃省张掖市 6 个镇 394 份入户调查资料为样本，分析了技术认知和政府支持对农户节水灌溉技术采用的影响。研究发现，对节水灌溉效果水平的认知和政府推广对农户节水灌溉技术采用有显著影响作用。

耿宇宁、郑少锋、王建华（2017）基于陕西省 357 户猕猴桃种植户随机分层抽样调研数据，对农户采纳生物防治技术的行为决策及其影响因素进行实证分析。研究发现：农户对保护型生物防治技术与增强型生物防治技术的选择存在显著替代效应；户主种植经验、文化程度、技术评价对农户技术采纳行为具有重要影响；技术可行性是制约农户采纳人工释放天敌技术和生物农药技术的重要供给因素；政府通过科技示范、技术培训、财政补贴促进了生物防治技术推广，但在生物农药示范推广与财政补贴政策方面存在一定程度的空白；供应链组织显著影响农户的技术采纳行为，但不同供应链组织模式对农户技术采纳行为的影响存在差异性。

王世尧、金媛、韩会平（2017）研究发现：农户技术的采用决策是周围农户技术采用率、预期产量优势和价格（指数）的函数。决策者周围农户的技术采用率越高、新技术的预期产量优势越明显，农户越有可能接受新技术，并使得新技术不断扩散。价格指数变化越快，农户越倾向于采用新技术。政府要推行环境友好型新技术就必须以直接或间接降低与技术采用成本和预期收益相关的外部条件为目标。

李宪宝（2017）对异质性农业经营主体技术采纳行为的差异性及其影响因素进行了理论探讨，并利用微观调查数据进行了验证。研究表明，农业生产要素规模、结构及技能水平差异，导致异质性农业经营主体技术采纳成本、收益及风险判断的不同，使其技术内容、推广途径及推广主体选择呈现显著差异；小规模兼业农户偏好由政府推广机构通过技术人员现场指导的方式提供生产阶段的技术；家庭农场（专业大户）偏好由农资企业通过公共传媒提供与其规模经营特征相适应的技术；农民专业合作组织偏好通过组织自身的技术选择及应用满足其多元化技术需求；农业企业偏好通过经营性推广主体的多元化推广途径，获得服务其经营目标的各类技术。

耿宇宁、郑少锋、陆迁（2017）以陕西省猕猴桃主产区 603 户农户调查数据为依据，分析了经济激励与社会网络对农户绿色防控技术采纳行为的影响。研究发现，经济激励通过价格机制和补贴机制显著促进了农户对绿色防控技术的采纳，但由于农户更关注农产品市场价值以及绿色防控补贴政策的不完善，使得市场激励机制在促进农户技术采纳方面的作用明显大于政府激励机制；社会网络通过信息获取机制和社会学习机制显著促进了农户对绿色防控技术的采纳，但由于绿色防控技术兼具科学性、系统性和复杂性，使得异质性社会网络在促进农户技术采纳方面的作用明显大于同质性社会网络。

高瑛等人（2017）对农户特征因素、耕地特征因素、农业生产财政和管理特征因素及其他外源性因素对农户采纳决策（保护性耕作、施用有机肥和测土配方施肥）的影响情况进行估计。结果表明，农户和耕地特征方面的因素是影响采纳决策的主要因素，国家政策和农业收益是受访农民选择的影响其采纳决策的重要因素。

乔丹、陆迁、徐涛（2017）以甘肃省民勤县农户调研数据为基础，分析了社会网络、推广服务两种渠道对农户节水灌溉技术采用的影响。结果表明，社会网络、推广服务对农户节水灌溉技术采用均具有显著正向影响；社会网络对节水灌溉技术采用的影响作用存在直接效应和间接效应，直接效应表现为社会网络内在维度对节水灌溉技术采用的促进作用，间接效应表现为社会网络可以正向影响推广服务效果，进而促进技术采用；水资源稀缺认知和技术的有用性认知可以促进技术采用，良好的社区环境可为技术采用提供外在保障。

余威震等人（2017）基于湖北省武汉、随州、天门三市的 281 个农户的实地调研数据，分析了影响农户有机肥技术采纳意愿与行为背离的因素。研究结果表明：农户在采用有机肥技术意愿与行为上发生背离，在认知领域，主要是受性别、年龄、从众心理、土壤肥力、种植规模、生态环境政策认知、化肥减量化行动认知以及绿色生产重要性认知共八个因素的影响，证实了农户绿色认知差异是导致有机肥技术采纳意愿与行为背离的重要原因之一；从解释结构模型结果来看，生态环境政策认知、化肥减量化行动认知是表层直接因素，绿色生产重要性认知是中间层间接因素，性别、年龄、从众心理、土壤肥力以及种植规模是深层根源问题。

冯晓龙、仇焕广、刘明月（2018）利用陕西苹果种植户微观调查数据，实证分析农户农业产出及产出风险对其测土配方施肥技术采用决策与采用强度的影响。结果显示，期望产出与产出下行风险分别显著正向和负向影响农户技术采用决策与采用强度，期望产出显著正向影响中小规模农户的技术采用行为，而产出风险则显著负向影响大规模农户的技术采用行为，合作组织参与是影响不同规模农户测土配方施肥技术采用的共同因素。

薛彩霞、黄玉祥、韩文霆（2018）运用陕西省白水县 284 户苹果种植户的微观调研数据，探讨了政府补贴和采用效果对农户节水灌溉技术持续采用行为的影响。结果表明，政府给农户任何形式的补贴都可以有效地激励农户采用节水灌溉技术，相对于资金补贴，基础设施补贴和设备补贴更有利于农户持续采用节水灌溉技术；采用效果对农户节水灌溉技术的采用行为有显著的正向作用，技术适用性对农户持续采用行为有促进作用，及时解决农户在技术采用中遇到的问题有助于提高农户技术采用的经济效益。

黄腾等人（2018）基于甘肃省 5 市 285 户微观农户调查数据，分析了农户节水灌溉技术认知和采用强度的影响因素。研究结果表明，年龄与农户技术认知存在倒 U 型关系，性别、教育程度、村干部经历、农业种植结构、政府资金支持、政策认知与农户技术认知呈正相关；节水技术认知、家庭纯收入、农业收入占比、政府资金支持与技术采用强度呈正相关，村干部经历、到乡镇距离、农业种植结构、社区灌溉设施与技术采用强度呈负相关，农户节水技术认知存在显著的个体差异与区域差异。

徐涛等人（2018）利用民勤县 354 份农户调研数据，分析了技术认知与补贴政策认知对农户采用节水技术的不同阶段的影响。结果表明，从初始采用阶段到后续采用阶段，农户感知技术的易用性有所提升，而感知技术的有用性与感知补贴政策的合理性有所下降；感知有用性对农户采用意愿的影响相对于感知易用性有所增强；补贴政策认知对农户采用意愿的影响有所提升，并成为最主要的影响因素。

郑旭媛、王芳、应瑞瑶（2018）利用不同省份的农户调查数据，分析揭示了不同类型农户技术选择偏向的内在决定机制以及农户技术选择的行为逻辑和制度性障碍。研究表明，规模户、高兼业户与低兼业户群体在不同属性技术选择上差别明显，不同类型农户的禀赋特点与不同农业技术属性存在非对称性和偏差，是不同类型农户技术选择偏向有所差异的重要原因，而不完全要素市场条件下的农户初始禀赋约束难以缓解，加大了农业技术推广难度。

毛慧、周力、应瑞瑶（2018）基于对肉鸡养殖户的调查数据，对农户风险偏好与技术采纳行为之间的关系进行了实证分析。研究结果表明，风险厌恶程度对农户是否采纳技术有显著的负向影响，风险厌恶程度越高的农户技术采纳可能性越低；风险厌恶程度对农户技术采纳时间有显著的负向影响，风险厌恶程度越高的农户技术采纳时间越晚；参与契约农业有助于缓解农户风险厌恶程度对技术采纳行为的抑制作用，具体表现为风险厌恶程度越高的农户越愿意参与契约农业，而参与契约农业可以促进农户采纳技术。

薛宝飞、郑少锋（2019）对陕西省猕猴桃种植户质量安全生产技术选择行为进行实证分析。结果表明，果品种植面积、果品收入比、是否加入农业经济组织、果品认证作用、是否参加过质量安全控制培训、是否按规施用农药对农户果品质量安全生产技术使用量具有显著的正向作用。

畅华仪、张俊飚、何可（2019）利用湖北省388户微观农户调查数据讨论了技术感知对农户生物农药采用行为的影响。结果表明，技术服务感知在农户生物农药采用决策中发挥了重要作用，且不同技术服务主体作用强度依次为：政府＞农民专业合作社＞农技推广组织，而技术获取感知对农户的采纳决策影响较小。

黄炎忠等人（2019）利用湖北省宜昌市秭归县、当阳市的372个果菜茶种植户样本，探讨了农户有机肥替代化肥技术采纳行为表达的障碍因子。结果表明，技术环境对农户有机肥替代化肥施用行为的影响极显著，其中地块要素和原料获取是阻碍有机肥施用行为表达的两大主要因素；农户的有机肥替代化肥技术采纳行为主要受农业劳动力数量、地块土壤肥力、农产品销售难易度、有机肥获取成本、地块平均坡度、农产品价值认可度、政府宣传力度、是否养殖畜禽和有机肥补贴政策的影响。

董莹、穆月英（2019）比较分析了黄淮海与环渤海设施蔬菜优势产区959个农户调研数据。得出结论，参与服务与自主采纳两种环境友好型技术路径使农户处于不同的生产前沿面；基于环境友好型技术优势的营销服务能显著提升技术转化率，但技术配套物资购买服务却降低了技术转化率；参与服务农户比自主采纳农户的综合效率高，"干中学"与"示范效应"下的技能扩散是其中主要的增效机制。

费红梅、刘文明、姜会明（2019）通过分析农户保护性耕作技术采纳意愿影响因素的基础上探索各群体的内部性差异。结果显示，技术有效性、技术应用成本和推广渠道直接影响农户技术采纳意愿；非农收入比重、预期收益、土地转入年限、邻里示范作用等因素显著影响农户保护性耕作技术采纳意愿；不同群体农户技术采纳意愿及对各影响因素的反应差异明显。

程琳琳、张俊飚、何可（2019）利用湖北省615个农户调查数据分析了网络嵌入与风险感知对农户绿色耕作技术采纳行为的影响路径及其群组差异。研究发现，网络嵌入和风险感知对农户绿色耕作技术采用行为具有显著的正向影响，同时风险感知在结构嵌入对农户绿色耕作技术采纳行为的影响中具有中介效应。

袁明达、朱敏（2019）基于川、湘两省农户调查数据，从市场意识和科技意识两个维度将被调查农户分为市场型、创新型、技术型、传统型和服务型5类，构建了5种类型农户与基层农业技术推广体系信息服务方式、内容、态度、效果及能力间关系的概念模型，并运用结构方程模型进行检验。

2.2　农户技术采纳行为的定性研究

2.2.1　纯定性研究

竹德操（1983）研究认为，尤其对于农业生产而言，先进的技术并不是在任何地方、任何时间、任何条件下都能适用的技术。一种技术要成为能够广泛推广应用的技术，必须具备三个条件：一是这种技术必须具有良好的经济性，二是这种技术必须适应当地的自然环境和资源条件，三是这种技术必须切合当地农户的生产需求。

杨大春、仇恒儒（1990）研究认为，有五种心理阻碍农民接受新技术，从而影响到科技成果的推广应用，它们是迟钝型麻木心理、经验型排他心理、谨慎型从众心理、短视型实惠心理、盲目型过急心理。

李季（1993）对农业技术向农民转移的作用机制开展了实地跟踪考察，研究发现，技术在郊区农村中的作用并不像外界想象的那样一定能带来众多收益，相反，其作用机制非常复杂；科学研究的"技术"与农民眼里的"技术"，内涵和意义完全不一样；众多障碍因子影响到农民接受一项技术，这些因子涉及农民家庭、社区环境以及国家政策等各个方面。

康涛、谢莹月、胡周文（1996）研究认为，我国农民的技术采纳行为，一般基于渴求心理、农本心理、自给心理、守旧心理、求稳心理、从众心理、现实心理这几种心理。

周衍、陈会英（1998）研究认为，农业踏板原理对于发达市场经济条件下农户的新技术采用行为具有较强的解释力，但对中国而言，农业技术采用与扩散中既有动力又有压力需求机制的形成，仍然受到许多因素的制约，如规模约束，素质约束，要素供给、资金和信息等基础条件约束，风险约束。

余海鹏、孙娅范（1998）研究认为，目前我国的科技推广应用障碍重重，既有农民自身文化素质、经营能力的制约，又有经济、科技、文化、社会等外部环境因素的影响，要提高科技进步对农业发展的贡献率，必须分析并排除克服这些障碍。

褚保金、张兵、颜军（2000）研究认为，新的农业科技，一些技术是自下而上实践出来的，另一些则是自上而下研发出来的，农业科技发展是一个双向创新过程，因此科研部门的研发应当注重科学知识与传统知识的融合，增进二者的互补。

王传仕（2001）研究认为，技术转移的首要条件是技术的先进性，技术转移最终实现的必要条件是技术的适宜性，技术转移的最终目的是技术的经济性。

杨永生、杨晶、王浩（2001）研究认为，农业科技研究无视农户的技术需求和农业技术推广漠视农户的技术需求，是我国农业科技有效供给不足的主要原因。农户技术采纳行为受到以下因素的制约：经营规模，要素供给、资金和信息等基础条件，农民的文化素质，农户的生产组织化程度，农业的比较经济效益。

朱方长（2004）研究认为，农户采纳农业技术创新，既受到社会文化相容性的影响，也受到人际网络链中观念领导力量的作用，从而农业技术创新的采纳行为既表现出一般决策过程的阶段特征，又带有具体的个体差异。

赵邦宏、宗义湘、石会娟（2006）研究认为，农业技术并不是一个同质体，按其公共属性的强弱可将农业技术分为"公共技术""准公共技术"和"私人技术"，面向不同类型的农业技术，政府应该制定相应的推广政策。

向东梅、周洪文（2007）指出，农业环境政策是影响农户采用环境友好技术的重要因素，我国现行农业环境政策未能形成对农户采用环境友好技术的有效刺激，需进一步调整完善。

姜英杰、钟涨宝（2007）分析了乡村文化对农业科技推广的影响，认为乡村文化与农业科技推广密切相关，农业科技推广要得到当地农民的积极响应并达到预期成效，必须重视并认真研究乡村文化，从而能够贴近当地农民的日常生活，符合乡村文化，增强农民对农业科技的认同、接受度。

简小鹰（2007）研究认为，农业推广体系应响应社会主义市场经济的要求，以农户对技术的需求为导向，主要运用市场机制实现稀缺性农业技术资源的有效配置。推广构建多主体参与的农业技术服务市场，打造以农户对农业技术的应用（消费）来引导农业技术的研究（生产）和推广（销售）的运行格局，促进农业技术的有效供给。

郭将（2008）研究认为，农户技术选择行为受到四个因素的影响，即农户采用农业技术的现实性、农户经济行为和目标的双重性、农户经营行为的兼业性、农户投资行为的多样性。

袁涓文、颜谦（2009）对贵州山区杂交玉米推广状况的案例开展研究，认为农户在选择玉米新品种时，会考量高产、市场因素、劳动力状况、传统种植习惯、生计安排、风险意识、土地和居住环境等诸多社会经济文化因素，要促进科技成果的转化，推广组织或个人不应只注意品种的高产与否，还要考虑农户的需求和当地社会文化因素。

李艳华、奉公（2010）研究认为，目前我国农民科技意识增强，农业技术需求呈现多样化发展，但农户采用的农业技术主要限于常规的物化农业技术，在农户需求的农业技术与采用的农业技术之间存在一定差异。

崔宁波（2010）研究认为，我国农户技术采用偏好的总体倾向与国家发展现代农业的技术取向存在较大不一致，这极大地影响到现代农业的发展。主要表现有：农户受眼前利益的驱动，轻视有机技术和农业资源保护技术的采用，重视生化技术和资源开发技术的使用，主要通过外延扩张、增加资源投入的途径来发展农业生产，不符合现代农业的发展方向；农户受自身素质、生产惯习影响，更加青睐常规技术，接受现代农业技术迟缓，延缓了利用高新技术改造传统农业的进程。

景丽等人（2010）研究河南省农业技术推广的现状及存在问题后提出，要让农民切实参与到农业技术推广工作中来，发展参与式农业技术推广模式。

向东梅（2011）分析了农户采用环境友好技术的制度安排问题，指出我国现行制度对农户采用环境友好技术的激励广度、激励幅度都不大，只有对现行制度进行改进，降低农户采用环境友好技术的成本和风险，才能推动环境友好技术的广泛应用。

逯志刚、王志彬（2011）研究认为，自然、经济、社会、家庭等多种因素影响着农户粮食种植行为，可将农户的种粮行为简单划分为经济型、保守型、顽固型、激进型、无奈型和娱乐型等，农户种粮行为的类型不同，主要影响因素也不同，政府相关部门应该有针对性地制定惠农政策和农业规划推动粮食生产。

刘智元、杨勇（2011）阐述了"以农民为本"理念下的农业推广。以农民为本，就是以农民的技术需求为本，从农民技术需求出发提供科技成果；就是以具体的农民为本，增强农业推广的针对性；就是以发挥农民的主体作用为本，促进农民对农业推广的参与。

周建华、杨海余、贺正楚（2012）对农户的技术采纳决策行为和资源节约型、环境友好型技术的采纳状况进行了研究。研究表明，农户对资源节约型、环境友好型技术的采纳，受限于现行的农业经营制度，普遍不足；农户的技术需求、学习能力和政府驱动式推广体系等因素显著影响到农户对资源节约型、环境好友型技术的采纳；资源节约型、环境友好型技术的推广，需要政府、市场、涉农组织、农业技术推广机构以及农户自身发挥各自作用，形成推广合力。

毛丽玉、郑传芳（2012）研究认为，农业推广是一项系统工程，整合了研究人员、推广人员和农民的利益和行为，其核心是农民，所以要转变原有观念，以农民为主导开展农业推广。

邵腾伟、吕秀梅（2013）研究认为，就推广效果来说，以体验传播路径为主的农业技术推广优于以组织传播路径为主的农业技术推广，这是因为前者能更好实现科技部门的技术创新与农民的技术应用之间的有效衔接，这为我国农业技术推广服务的改进明确了方向。

2.2.2 以调查资料为基础的定性研究

秦红增（2004）对桂村 20 年来的科技下乡进行了研究：一方面肯定了乡村现代农业科学技术的推广与服务中政府及非政府组织所做的种种努力，另一方面指出仍然存在许多需要改进的地方，如少些指令、多些投入，注重农民的意愿和地方性知识的运用等等。

旷宗仁、左停（2009）研究认为，科技传播由于缺乏对农民认知行为发展规律及认知行为体系特点的认识，其话语体系和传播体制存在对普通、贫困农民的严重忽视和偏见，没能按照农民认知的规律特点开展传播活动，从而导致普通、贫困农民的能力、素质与生产长期得不到发展，陷入发展的恶性循环。因此，应该改革现有传播体制、传播理念和传播方法，科技传播以农民为中心，加强与普通、贫困农民的沟通与互动、协作与会话，促进农民学习能力的增强，建立农民发展的良性循环。

李博、左停、王琳瑛（2016）基于当前农村社会的劳动力结构之变、农业承担功能之变以及农村发展的动力之变的现实，认为传统农业技术与现代农业与农村的发展形成了一定的"势差"，所以重构农业技术推广的功能定位已经成为转型期基层农业技术推广体系所要完成的重要任务。

李博、左停（2017）通过对西部地区一乡镇农业技术推广实践案例的分析，认为基层农业技术推广处于国家宏观农业政策诱导、农业技术推广主体行政逻辑与农户理性需求的共同博弈之中，多元行动主体与多重制度逻辑的交织使基层农业技术推广陷入了一定的制度性路径依赖与结构性困境之中。因此，亟须国家、基层农业技术推广机构、农民三者之间通过有效的利益调节与互动机制形成科学的制度匹配关系，破除各行其是、各自为政的制度性路径依赖与脱嵌的三者关系，从而实现农技推广制度的有效衔接与融合。

2.3 简评

综观国内外农户技术采纳行为的研究，取得了丰硕的成果。

国外学者做了许多经典的实证研究，并在此基础上形成了成熟的、富有解释力的理论，在理论上已经形成了较为完善的体系，在方法上也不断创新。具体而言：①多学科参与到研究中来，如人类学、社会学、地理学、经济学等，在多学科视角的观照下，对于该问题的研究不断拓宽、加深，既有从微观个体层面分析农户技术采纳的特点和影响因素，也有从宏观群体层面研究农户技术采纳的规律和模式，更有将微观个体层面与宏观群体层面相结合综合分析农户决策行为。②注重实证研究，研究内容针对性强，研究结论可信度高，既有大量的定量研究，研究方法从早期应用线性方法、回归分析，到目前运用期限分析、博弈模型、结构方程模型（SPM）等更为复杂的分析方法；也有定性研究，通过实地研究和实验研究，考察一项技术从研发到推广、到采纳，再到技术影响后果的整个过程。

国内专家借鉴国外的成果，结合本国实际，也进行了大量研究。从总体上看：①学科视角狭窄，主要集中在经济学、管理学，大大限制了研究的丰富、深入程度；②研究方法以定量研究、构建模型为主，多数还停留在利用简单的统计方法、线性方法、Logit 和 Probit 模型上，而基于实地调查的定性研究极少；③研究逻辑基本上是自上而下的，专家眼中的农户很少从自身视角来考察其技术采纳行为，忽视了农民是农业生产行为的主体，其行为能否改变是其自身决策与行动的结果。④研究内容过于集中在个别方面，如农户技术采纳行为的特点和影响因素分析，重复率较高，没有形成系统的理论框架。针对某一地区、某一两种技术的具体研究居多，结论解释力有限，而在实证研究基础上的理论提升不足，未能在构建中国本土化理论方面有较大进步。

鉴于上述国内外研究的状况，本书采用实地研究法，基于对马家湾村垫料养猪技术、石门县柑橘密改稀技术的农户采纳行为的实地调查，以农户的考虑为本，来探讨农户采纳技术的主要决策事项、重点影响因素，以及农业技术由生产技术向产业技术转化所要经过的环节。以期一方面解剖两个农户技术采纳行为的案例，另一方面提炼农户技术采纳行为的一般理论。

3　调查地区的技术采纳概况

3.1　一个技术社会化的不成功案例：马家湾村农户对垫料养猪技术的采纳

3.1.1　马家湾村生猪产业概况

马家湾村隶属浏阳市西郊的葛家镇，是葛家镇的中心村，也是葛家镇的集镇所在地，全镇的政治经济、文化娱乐中心。距浏阳市区 22 公里，距省城长沙市区 62 公里，距株洲市区 66 公里，浏长公路（319 线）穿境而过，交通和信息格外便利。马家湾村现有总人口 3988 人，总户数 877 户，分为 6 个村民大组、28 个小组。

马家湾村所在区域具有很浓的农耕文化氛围，浏阳市、葛家镇是典型的农业大市、农业大镇，农业人口占到近 90%。另外，浏阳市、葛家镇在农业发展上具有明显的区域特色，每个区域都基于土壤气候、地理位置、历史人文等因素，建立和发展了相应的农业特色产业或者主导农业产品，这为马家湾村的农业发展提供了很好的外围环境。譬如：浏阳市分为东、西、南、北四乡（区），东乡和南乡山多田少，农业是靠山吃饭，主要发展楠竹和药材；北乡主要是种植业，形成了以烤烟、水果和蔬菜等为主的农业产业带；西乡主要是养殖业和花木种植业，形成了以葛家镇、普迹镇、镇头镇为中心的养殖产业带和以柏加镇为中心的花木种植产业带。葛家镇所辖的各个村在农业发展上也各有区域特色和发展重点，马家湾村是典型的农业大村，以生猪和家禽等的养殖业为主，花炮等工业产业为辅。

马家湾村是典型的养猪大村，最发达的是生猪养殖业，另有小部分农户养鸡、养羊和发展水产养殖。浏阳市、葛家镇的养猪产业发源地和产业辐射中心地带就在马家湾村，马家湾村还是浏阳市良种猪繁育的发源地。20 世纪 70 年代末 80 年代初，浏阳市外贸局从外引进了良种猪，湖南省第一个良种猪基地落户在马家湾村。从 1985 年起，政府部门为促进马家湾村养猪产业的发展，持续不断地开展品种改良、技术培训、防疫检疫、市场开拓工作，使得马家湾村迅速成为远近闻名的养猪村，生猪养殖占该村农业总产值的八成以上。目前，全村的生猪养殖业朝着集约化、规模化方向发展，其影响辐射到葛家镇其他村子及周边乡镇（如东边的太平桥镇、南边的普迹镇、西边的镇头镇、北边的长沙县江背镇，都在马家湾村的带动下成为有名的养猪地），一定程度上促成了浏阳市、葛家镇的"养猪大市""养猪大镇"之名。2017 年，马家湾村有养猪专业户将近 300 户，其中 100 头以上存栏大户 200 多户，500 头以上存栏大户 35 户，年出栏生猪 12 万头，生猪养殖业收入占总收入的六成。生猪养殖业还带动起相关商业、运输业等产业的发展，村内现有 8 家饲料店、7 家兽药专卖店、8 家销售生猪的运输专业户、10 个生猪职业经济人、6 个猪人工授精服务提供者或种公猪饲养人。

3.1.2 马家湾村垫料养猪技术采纳状况

20 世纪 80 年代至今，养猪业在马家湾村获得蓬勃发展，一直是马家湾村的主要产业。养猪业在带给农户可观经济收入的同时，传统养猪方式也造成了马家湾村的严重环境污染。养猪场都是用水直接冲洗猪栏，猪粪便污水被冲到外面沟里，又流入村中的小河小湖，污染了水源和空气。长久以来，马家湾村是"有水不能饮，洗菜水难寻，下田脚发痒，蚊虫蚂蚁多，空气污染大，臭气满天飞"。长沙市环保局监测站对马家湾村连续几年的土壤污染调查显示，养猪场集中区域周边 90% 的地下水被不同程度污染，

70% 左右的饮用水源被严重污染，农民的身体健康受到严重影响。正是基于环境保护的考虑，2008 年当地政府开始在马家湾村推广"多功能生物活性垫料养猪零排放技术"（以下简称"垫料养猪"），该技术属于湖南泰谷生物科技有限公司。垫料养猪在马家湾村获得了一定范围和程度的推广，但由于种种原因，到 2015 年 6 月止，绝大多数农户都已暂停采用，其中一些农户建了环保猪舍但没有使用垫料，转而采用传统养猪方式，另外一些农户甚至又把环保猪舍改回到传统猪舍。

在垫料养猪有关科研、推广人员眼中，垫料养猪具有传统养猪不可比拟的优势：可以提高猪的疫病抵抗力；可以提升猪肉品质，增加养殖经济效益；可以实现猪粪便零排放，不污染环境；可以养猪省水、省料、省劳力……那么为什么这么好的生态农业技术在马家湾村却没能顺利推广开来呢？原因主要有以下几点：一是技术还不很成熟。农户大都对垫料养猪是一种先进技术没有异议，但通过一段时间的应用又感觉该技术刚从实验室出来不久，对于实地养殖而言还存在一些问题。二是增加了养猪成本。由于要新建或改建环保猪舍，农户普遍认为采用垫料养猪的成本较高，尤其是在猪价不稳、赚不到钱的形势下，难以承受。三是政府扶持力度不够。考虑到采用垫料养猪确实会造成农户短期经济效益的损失，当地政府对采用农户进行了补助，但农户普遍认为补助还要加大才行。四是环保意识仍然不足。农户的环保意识正在提高，在认识上都觉得垫料养猪比传统养猪对农村环境好，但在行动上考虑养猪方式的成本收益问题更多一些。

3.2　一个技术社会化的成功案例：石门县农户对柑橘密改稀技术的采纳

3.2.1　石门县柑橘产业概况

石门县地处湘鄂边界，东望洞庭湖，南接桃花源，西邻张家界，北连长江三峡，有"武陵门户"与"潇湘北极"之称。全县面积 3970 平方公里，辖 18 个乡镇区、4 个街道、4 个农林场，总人口 67 万。作为全国早熟蜜橘第一县、全国柑橘标准化示范区的石门县，在建设柑橘产业上拥有深厚的生态、历史和现实基础。

石门柑橘，自古以来就有"隽味品流知第一，更劳霜橘助芳鲜"的美誉，以"汁多、无核、化渣、甜香爽口、风味浓郁"等特点闻名于世。石门县是国家级生态示范区和湖南省生态县，森林覆盖率高达 71.59%，山多河密，雨水充沛，光照充足，昼夜温差大，被国际果业界认定为"蜜橘绝佳产地"。目前，该县 44 万亩橘园中，35 万亩柑橘获得了无公害食品生产基地认证，其中 5.41 万亩获得绿色食品基地认证，12 万亩获得绿色食品原料柑橘标准化生产基地认证，3 万亩获得美国农业部 NOP（有机产品）、欧盟 GAP（良好农业规范）和国家有机食品认证。全县年产柑橘 40 多万吨，年出口 10 万吨，综合产值逾 11 亿元，全县 9.83 万柑橘种植户年人均增收4000 多元，柑橘已经成为当地农民脱贫增收的"黄金果""甜蜜果"。石门也因此享有中国柑橘之乡、全国早熟蜜橘第一县、全国柑橘标准化示范区、全国园艺产品（柑橘）出口示范区、国家级食品农产品（茶叶、柑橘）质量安全示范区等多项"国字号"荣誉。

2018 年来，石门县柑橘面积稳定在 44.05 万亩，突出调整"早""晚"品种，年度产量 44.18 万吨，鲜果收入突破 10 亿元大关，综合产值 12.5 亿元。该县实行良种化栽培、区域化布局、集约化管理，全面推行标准化生产技术，建立 31.05 万亩无公害食品柑橘生产基地、12 万亩绿色食品柑橘生产基地、1 万亩有机食品柑橘生产基地，大力推行"公司＋基地＋农户＋市场"或"合作社＋基地＋农户＋市场"组织化经营模式，扩大柑橘出口。全县全年建立出口柑橘生产基地 12 万亩，年鲜果出口达到 12 万吨，采用"石门柑橘"品牌销售的市场份额占到 35% 以上，推广使用各类优质柑橘无病毒容器苗 10 万株，建立各类新优品种栽培示范基地 1000 亩以上。

石门县倾力打造"石门柑橘"公共品牌，充分发挥柑橘产业在石门县境中部、南部 17 个乡镇场扶贫攻坚中的主导作用，努力打造为民致富产业，巩固和稳定现有柑橘面积，加强柑橘基地培管，保证稳产、优质，并适度开发与柑橘产业融合发展的旅游产品，带动近万余个贫困人口经济收入和增收能力同步增长。

3.2.2 石门县柑橘密改稀技术采纳状况

针对低产能橘园产量低、品质弱、经济效益差等问题，石门县大力推广密改稀技术，该技术已经成为改造成龄橘园，提高果园生产能力和果品质量的一项关键技术。

2013 年，石门县把"密改稀"技术式"减肥"作为柑橘"提质增效"的突破口来抓，同时每亩补助橘农物化费 100 元，用来改善橘园通风透光条件，减少化肥、农药使用，最大限度提高柑橘的含金量。全县柑橘"减肥"面积将达 1 万多亩。"减肥"后，优质果率可提高到 80% 以上，亩均经济效益可增加到 4000 元以上。

2016 年，石门县突出统筹协调，高起点规划产业建设。县里相继出台了《石门县 2016 年柑橘产业建设实施方案》《石门县 2016 年柑橘专业合作社建设工作方案》《石门县 2016 年柑橘大实蝇控防工作方案》等规划和方案，为全县柑橘产业建设健康稳定发展提供了有力的技术支撑，明确了发展目标，突出办点示范，高标准实施精品战略。县柑橘办继续抓好夹山镇邵福寺村、秀坪园艺场秀山村、三圣乡白临桥村、易家渡镇丁家山村等 4 个高品质化栽培示范片的示范工作，依托国家柑橘老园改造项目，选址秀坪秀山村，采取移密改稀方式，连片改造 500 亩老园，同时，各乡镇、街道、农林场也开展了低产园改造；依托所街乡益农冰糖橙专业合作社，开展冰糖橙留树保鲜试验，办点示范效果明显。石门县围绕柑橘产业提质升级，坚持高质量推广先进技术，出台了《石门县 2016 年柑橘产业提质升级行动方案》，以合作社为依托，在全县推广节省栽培、病虫绿色防控等组合先进技术，每个合作社集成各类高品质化栽培技术，示范面积 300 亩以上。同时，突出品种引进，夯实全县柑橘产业可持续发展基础。县柑橘办先后到湖北省秭归县、四川省蒲江市、湖南省麻阳县等地考察伦晚脐橙、不知火、春见、沃柑、锦红、酸红蜜柚等品种，并引进了种苗和接穗。同时，指导全县柑橘专业合作社、橘农开展品改，全县新扩橘园 1000 亩，高改 700 亩。围绕技术推广和品种改造，全县先后举办各类技术培训 90 多场次，培训技术骨干和橘农近 2 万人次。

2019 年，石门县委、县政府紧紧抓住脱贫攻坚整合资金重点支持产业发展的机遇，整合资金 6000 万元，通过以奖代补、鼓励全县橘农开展一次"老橘园革命"，进行品种更新换代和低产园改造，对树龄 30 年以上、冰冻受损严重的橘园进行毁园重植，对树龄 15 年以下的橘园进行高接换种、密植园改稀，推广容器大苗、地布控草、增糖减酸等先进技术，应用大株稀植、大枝修剪等适用技术，建设现代化的标准橘园，并充分发挥柑橘种植大户、合作社带动和龙头柑橘企业的引领作用。目前，全县已完成柑橘毁园重建、重度修剪、新扩面积近 3 万亩。

橘农普遍认为密改稀技术是一项好技术，能够提高柑橘品质，减轻劳动强度，节约成本，帮助提高产量、增加收入。橘农采用密改稀技术的具体情况，从下面的一篇新闻报道中可见一斑。

石门柑橘"密改稀"让橘农"更甜蜜"①

日期：2013-10-09 08：07　作者：石门县农业局贺勇　来源：市县级农业机构

龙申丕的橘园就是石门皂市镇柑橘"密改稀"示范区，实行柑橘"密改稀"后，龙老尝到了大甜头。是什么让他放弃部分柑橘树，决定实行"密

---

① http://jiuban.moa.gov.cn/fwllm/qgxxlb/hunan/201310/t20131009_3623209.htm

改稀"？龙申丕告诉记者，10年前，他在这5亩地上栽上了近500株柑橘，由于栽植过密，现在，柑橘品质开始下降，操作管理也不方便，柑橘效益日益下滑。

橘农龙申丕说："我再开始搞稀，把这个行距间空搞一棵，不是一次性砍的，每年把枝子回缩，把它剪掉，让永久株长出枝条，让临时株多少结点果，这样就不减少产量。"

在农技站技术人员指导下，龙申丕的橘园已经完成"密改稀"改造，改造后产量不降反升。

橘农龙申丕介绍："'密改稀'之前我的橘园就是80担左右，就是8千斤左右，（'密改稀'之后）100担以上，单产在1万斤以上，每年都是这个产量，连续3年。"

橘农龙申丕认为，"密改稀"带来的最大的好处就是，每根树枝都是结的优质果，而且能够提高产量，卖出好价钱。

"看到以后就高兴。你看现在没有次果都是优质果，效益肯定高，价格就卖得好。"橘农龙申丕笑得合不拢嘴。

通过这几年的示范带动，龙申丕实实在在体会到了密改稀的好处，改稀后的果园，不仅产量实现了翻番，品质得到了提升，而且节省了劳力，减少了投资，实现了省力高效栽培。

4　经济效益与农户技术采纳行为

　　市场经济体制下农户生产经营活动的主要目的，是对经济效益的追逐，因而农户在决定是否采纳一项新技术以及采纳的程度时，通常会考量新技术的经济效益情况。农户对新技术的采纳是一个增加物质、资金、人工等要素投入的过程，是投资就期望得到经济上的回报，农户作为自主经营、自负盈亏的市场主体，自然追求新技术使用经济效益的最大化，经济效益因而成为农户采纳新技术行为的基本驱动因素。从经济学角度看，农户也是理性的经济人，他们的生产经营活动也是建基于对产量或利润最大化的计算之上。具体来说，主要有两个方面的考量决定了农户是否采纳一项新技术：一是采纳新技术需要付出的成本，包括采纳新技术的直接支出和学习新技术的机会成本；二是采纳新技术的预期收益及获得的可能性大小。[①]

4.1　垫料养猪技术的采纳

4.1.1　生猪价格

　　受猪价高低的影响，农户对于养猪成本的感受也会不同，换言之，农户会计算养猪的成本收益比。猪价高，赚钱多的时候不会计较；猪价低，

---

①　杨永生，杨晶，王浩. 增加农民收入的一项重要措施——农户选择技术的供求分析与对策探讨[J]. 经济问题探索，2001（1）：50.

赚钱少甚至不赚钱的时候就会斤斤计较。农户算过这笔账：现在外出打工一般每天能挣 50~60 元，生猪要卖到每公斤 12 元，养猪才好过打工，如果每公斤卖 10 元，就不如外出打工。垫料养猪的成本高于传统养猪，加之目前生猪价格波动较大且总体下降，这让马家湾村农户大都感觉很难承受垫料养猪，传统养猪从经济上看更划算、更保险一些。

　　村民组长熊某：对这个零排放，如果技术过关了，上面的公司、政府还要采取一些措施，例如补助，因为它成本高一些。现在，这猪价一跌下来，养猪的成本又增高了，农户承担不起。早先养猪，有 7 块钱成本就够了，现在搞这个零排放，垫料要四五十块钱一个平方，一个平方只能喂一头猪，一头猪就要增加 50 块钱的成本，相当于增加了农民的负担。政府有补助，农民的积极性就高些；如果政府没有足够的资金来补贴，这个零排放就难以推广。我本人可以讲，不是为了这个补助问题。现在行情不好，我就没进那么多猪。真要是行情好，我也不会等这个补助。

　　村民何某：那个垫料比较贵。我们开始讲的时候是 40 块钱一个平方，上面统战部在推广时，我们只要出 10 块钱一个平方，他们出 30 块一个平方，我那时只出了 2000 块钱。现在是 58 块钱一个平方，涨价了。以前我那 200 多个平方的猪栏到现在光垫料就要一万多块钱，多出来好多成本。至于什么价位合适，这个讲不清，要看猪价的行情。猪赚钱的时候，无所谓，我们不打这个算盘，养猪不赚钱的时候，就会打点经济算盘。

　　村民刘某：对于环保猪场，有利图的话，我肯定会加入。这个环保问题还是要重视，毕竟污染严重会影响健康。如果能赚钱，我就搞环保，如果养猪不赚钱，我可以不养。现在，我们这边打零工的都是五六十块钱一天，按这个算一下，养猪的话一年 2 万多也还是算赚钱的，不算亏本。现在养猪，6 块一斤能赚钱，5 块的话没赚也没亏，如果猪价维持到 5 块 5 的水平，我还是愿意搞环保猪场，关键是现在这个猪价太不稳定了，你搞环保养猪也是亏。

村民陈某：我建零排放猪场大概 300 块钱一个平米，200 个平米花了差不多五六万。当时猪价好，一斤到了 9 块多，那还是划得来的，等于一头猪能赚到 800 到 1000 块。如果猪价不行的话，我就不愿意再把钱投到环保上了。

村民何某：现在这个环保养猪推行很难，因为猪价行情不好，搞这个成本比较大。一般人还是接受不了，因为这东西成本太大了。不过环保是件好事情，如果政府要推广这个东西，肯定是会走到这条路上的。

村书记熊某：小组中一些人的环保猪场已经建起来啦！他不喂猪，放在那里，在观望价格。去年送猪，一头可以送上八九百块钱，现在只有 600 了，但是能够保本，还赚得 200 块钱一头，就是一头猪喂掉 400 块，赚 200 块，养一百头猪就可以赚两万块钱。环保猪场反正要搞，价格好了也要搞，价格不好也要进行环保。环保猪场建到那里，猪提价了就买猪进来喂，行情不好，就先不进猪，观望观望。

4.1.2　改建、新建猪舍费用

垫料养猪需要改建或者新建环保猪舍。因为环保猪舍的要求高，猪栏比传统猪栏大且高，里面还要适宜放置一定厚度的垫料，不能直接沿用传统猪舍。传统养猪是每 1.2 平方米养 1 头猪，达到 1.2~1.5 平方米养 1 头猪就算很大了，而垫料养猪要求是 1.7 平方米养 1 头猪，一个猪栏就达到几十个平方米甚至 100 多个平方米。环保猪舍很大，造价大概每平方米 300 元，这对于农户是笔不小的费用。

畜牧站站长周某：本来按照科学养猪的话，一般都 2 个平方米，刚才说的 1.5 平方米实际上是 2 个平方米。我这个 1.5 说的是垫料面积，不包括采食的地方，如果包括采食的地方要差不多 2 个平方。那么，生产成本比原先要大一些。

村民何某：现在这个环保猪舍跟原来的猪舍不一样。你如果全部搞那个铁栏杆，比以前的猪舍成本要高很多。如果用老猪舍改成新猪舍，也不容易。因为那个老猪舍比较矮，新猪舍要比较高，高了才能够通风，通风了，环保猪场才能够使用。

4.1.3　猪的存栏量

垫料养猪的存栏量少于传统养猪，即相同面积猪舍养猪的头数少一些，而且环保猪舍每个猪栏的空间都大，便于猪活动，猪活动量增大饲料就吃得多。但在猪养大后的出栏速度上，垫料养猪并不快于传统养猪，甚至猪的卖价也没什么差别，所以农户感觉垫料养猪比传统养猪吃亏。

村民田某：环保猪栏很大，一般是 100 多个平方或是几十个平方一个栏，一关关很多猪。最直接的缺点就是提高了养殖户的成本，那个垫料是要钱的。它的存栏量要求 1.7 平米关一头猪，以前只要 1.2 个平方就够了。1.2 到 1.5 个平方就相当大了，环保猪栏达到 1.7 个平方，相比以前来说，它关猪的头数，即存栏量要减少。

村民熊某：零排放的缺点是密度太稀划不来。那个环保栏就是栏太大了，猪在里面活动量太大，消耗饲料就多了。瘦肉率还是好的，但卖的价格还是差不多。

4.1.4　垫料养猪批数

据垫料公司的宣传，购买一次垫料可用一年，养两批猪，再更换垫料。

但是大多数农户使用垫料后反映，实际上一次垫料根本不能养两批猪，垫料在使用过程中功效会越来越弱，到了后期已经不能化解猪粪便，需要农户添加好多材料进去才有效，或者提前向垫料公司购买新垫料使用，这样成本大于垫料公司的宣传。

村民组长熊某：现在零排放喂猪，要用到那种添加剂、垫料，但我认为垫料的技术没过关。我们这里采用的是浏阳朝阳公司的。他们介绍的是一次垫料可以养一年猪，一年可以养两批，养两批再换垫料。但实际上，这个垫料根本不能养两批猪。朝阳公司跟农户签了合同，只给农户一次垫料，第二次的垫料要等喂了一年猪后回收旧垫料时才给你。结果，一次垫料不能喂两批猪，中间要加垫料，还要自己买，成本就要高一些。

村民熊某：用了垫料，夏天太热了，冬天有时候粪便又化不开，只能买锯木屑加进去，成本又提高了。

村长曹某：我们是到了 2008 年上半年的时候才开始搞零排放的，也是在市政府的支持下才搞成的。2009 年，政府按照使用垫料的面积进行补贴，当时是按 40 块钱一平方来算的。其实，真正算计起来不只这个价格，实践过程中又要加进去很多垫料，会达到 70 块一个平方左右，所以农民会有看法。原因也很明显：首先，垫料的科技含量有待提高，实验室的数据放到实践中至少要打 70% 的折扣。后来，政府也意识到了这一点。其次，是菌种的问题。我们养了第一批猪后，到养第二批猪的时候就发现了问题，由于湿度、温度等多方面的原因，垫料的化粪效果差了很多，迫使农户要添加一些新材料进去，从而增加了养殖户的负担。

村民宋某：垫料太薄了效果不好，要厚一些才好。垫料是有损耗的，最初用着还可以，到后面就不行啦！费用太大，不划算。我这里现在要换新垫料了，还要花 4000 多块钱。以旧垫料换新垫料，现在没人要了，垫料公司都不搞了。

4.1.5 垫料以旧换新

由于农户普遍反映垫料养猪的成本太高，当地政府出面与垫料公司进行协商。最终，垫料公司同意实行以旧换新的优惠措施，即农户可以用旧垫料抵价向垫料公司换取新垫料，旧垫料抵价 1/3 的新垫料，农户只出另外 2/3 的钱。但是现在，垫料公司已经停止了这项惠农措施，农户必须全价购买新垫料。

村长曹某：垫料养猪对农户来说，还是有点问题的。一个就是政府不投入了，主要让垫料公司来投入，而公司投入缺乏一个长效机制。公司通过政府协调，与农户达成了一个协议，就是以旧换新。垫料用完后可以抵价新垫料三分之一的价格，可还有三分之二的费用要农民自己掏，还是增加了成本。另一种方式是公司给钱收购旧垫料，按吨计，农民还是要多掏钱买新垫料。

4.1.6 猪的出栏时间

垫料养猪会造成猪生长质量和速度的不一。环保猪舍的猪栏很大，每个猪栏有几十个平方米甚至一百多个平方米，里面养着几十甚至上百头猪。活动能力强的猪就长得快一些，活动能力弱的就长得慢一些，最后，有的猪养 6 个月左右就出栏了，有的可能要养 7~8 个月才能出栏。平均出栏时间拉长，养猪的周期也延长了，消耗自然增加，也加大了整体成本。

村民田某：环保猪栏很大，一般是一百多个平方或几十个平方一个栏。最直接的影响就是一个栏里关着几十上百头猪，有强有弱，强的可能会长得很好，弱的可能就越长越差。

村民田某：我的一栋环保猪舍敲掉了，又改成原来的了。首先，环保猪舍会增加猪的呼吸道疾病患病率。其次，每个栏里放进去的猪有强有弱，强的虽然都在6个月左右出栏，但弱的可能要到七八个月才出栏，这就把整个成本给提高了，大概每头猪的成本要多花80元。要是每年每头猪能赚个两三百块钱，成本高点也无所谓，但若只能赚50到100块钱的话，就不划算了，我们更愿意用以前的水泥栏。

4.1.7　翻料劳动量

墙料养猪需要经常翻料，墙料化解猪粪便的功效才好，如果翻动得不勤快，墙料就会发霉，猪吃了就容易拉稀、生病。猪还小时，墙料不用每天都翻，可以一周翻一次，劳动量不大；猪长大后，屎尿频繁且分量多，就必须勤快翻料，劳动量大增。养100多斤猪的猪栏，平均每两天要翻一次垫料，养200斤以上猪的猪栏，几乎每天都要翻一次垫料，而翻一次垫料至少要耗时4个小时。而传统养猪则轻松得多，100多头猪的养猪场，农户只要每天花费一个多小时的时间，喂两次食，用水冲洗一下猪栏，就可以了。因此，很多农户感觉墙料养猪又累又费时间，无形中增加了劳动力成本。

村民宋某：那个垫料要翻料，不翻就会发霉，猪吃了也会拉稀，劳动力成本太大。

4.2　柑橘密改稀技术的采纳

4.2.1　销售行情

柑橘密改稀技术的采纳受到市场供求关系的重大影响。早些年，柑橘短缺，市场供不应求，不愁销路，柑橘收购重数量而轻质量，果子的品质高低、果型好坏对销售、价格影响很小，直径 6.0~7.5 厘米的大果跟直径5.0~6.0 厘米的小果价格差不多，都可以卖到 0.7 元 / 斤左右。柑橘密植技术大行其道。现在，人们的消费需求随着生活水平和社会质量的提高发生很大变化，越来越看重柑橘的品相，柑橘收购的要求也相应提高，果子要个大、质优、漂亮，否则一方面销售堪忧，另一方面价钱低廉。目前情况是小果只能卖到每斤 0.15~0.1 元，甚至还没人收。农户深切感受到，如果柑橘的品相不能得到改善，就会无钱可赚甚至亏本，这就必须变之前密植技术为密改稀技术，进而有效提高柑橘的品质，改善果型，从而促进柑橘的销售。正是在销售行情的影响下，密改稀技术得以在石门县橘农中普及开来。

秀坪园艺场技术主管：政府在推广密改稀技术，农户也知道必须要密改稀了。密植的话，果子结得不漂亮，也卖不到价钱。密改稀之后，果型变好，成熟度高，卖的价格也好。一开始推广密改稀时，农户不怎么能接受。毕竟大果小果都有人要，产量越大赚钱越多。原来，大果和小果的价格都是一样的，都是 7 毛。去年的价格就不同了，小果只有 1 毛 5，或是 1毛，有时 1 毛都没人要。农户不搞密改稀、不搞修剪是不行啦！

龙凤园艺场农户：2006 年以后，我们的密改稀技术已经在普及了。由于柑橘市场受到严重冲击，再加上对质量、品质的要求进一步提高，如果果子的质量不高，价格就会进一步降低。所以，农户逐步认识到不密改稀已经不行了。密改稀以后，可以增强果树的光合作用，提高果子的质量。前几年，推广的难度相当大，你要农户砍树、密改稀，他们是很不情愿的，因为密度大，产量就高，卖得钱就多。这几年，因为市场价格、收购行情等一系列趋势的变化，密改稀已经自觉地兴起来了。

龙凤园艺场农户：我们这里栽的果树按标准是一亩 80 株，还是密了些，密了果子就不乖质（不优质），还准备再砍一些，不砍不行。虽然砍的时候心疼，但是果子不好，卖不到钱更心疼。

4.2.2 密改稀方式

密改稀有移栽、砍树和更换新品种三种方式。农户会根据自家柑橘园的实际情况，综合权衡各种方式的利弊后，选择最有利于自己的密改稀方式。对于那些整体上植株和品种没有太大问题，并且正处于结果收益时期的柑橘园，农户会选择移栽、砍树的方式，并且逐步移开一些树，砍掉一些树，而非选择一次性重新栽种或更换新品种。因为全部重新栽种或换个新品种从栽种到挂果收益起码需要 3 年时间，这期间，柑橘没有产出，经济收益会减少甚至全无，还要对柑橘园建设进行投入，农户的经济压力会过大。另外，虽然柑橘密改稀后的预期收益总体上有保证，但仍存在因具体销售行情波动而造成的风险。对于那些树龄很大或病虫害严重或品种已被市场淘汰的柑橘园，农户则别无选择，会果断地对柑橘园进行整体改造，更新换代柑橘的品质，稀植柑橘树。

秀坪园艺场书记：刚刚建园的时候，我们就开始搞这个密改稀了，当时没有搞到位。现在，果树要整体换代了，都是二十几年的老树了，天牛的问题相当严重，树长得大了，剪果子都要爬上树，怕树枝断掉。今年，我们准备把天牛问题严重、树龄偏大的都砍掉，必须都搞到位！

株木岗示范园负责人：我们这里现在每亩大概是 60 到 80 株，原来是150 株到 260 株的密植。怎么密改稀的呢？就是果树长大了，就把它移开。根据柑橘栽培条件，我们把它慢慢搞稀了。我们现在正在搞这个有机园艺场，进一步优化柑橘的栽培，打算在采果以后，今冬明春，把现有的树砍掉，不要了。现在还有点密，要把它改成每亩 40 到 60 株。另外，还有些低产园，也要进行改造。这个密改稀技术很有潜力，也很有必要，确实能提高产品的品质。

三花村老支书：密改稀我们这里改了一部分。我们先种的比较密，通过改造稀了一些，挖掉了一部分，后面新栽的都是（4×3）米一棵，比较稀了。刚开始种得比较密，栽的是（2×2）米一棵的。以前，政府也号召种密点，叫"密矮早"，我们也以为密点好一些。最近五六年发现密了不好。现在每亩地种80棵差不多。改造的时候，直接把树砍掉的比较少，你让他砍了他舍不得，所以都是把树移到别的地方去栽了。还有一些田没种橘子的，就移过去种橘子。

散户：种橘子密了不行，果子结多了也没有用，品质不行卖不出去。我那个树就密了，修剪了很多，还要再砍稀一些。反正树老了，快不能要了，树龄有20多年了。

散户：这里一亩地有的是几十棵，有的是百余棵，有密的，有稀的。原来栽得早的就栽得密一些，后来才知道栽密了果子不好，不好摘果子，也卖不到钱，就栽得稀些。原来栽得很密的树长不开了，才这么粗一点，有的就砍了烧了，有的自己死了。这个橘树保管不好就容易生虫病害。我们想过把一亩地百余棵的抽成50棵，但不好抽，树中间抽一棵还是有点密，抽两棵就又稀了。所以干脆挖了之后再种别的，再种小树。

散户：我们种柑橘20多年了。刚开始种的时候，每亩地100多株，现在80株。把树能移到别的地方去，就移到别的地方去，不然就砍了烧了。现在推广的标准是每亩地60~80棵，慢慢移着就达标了。

散户：我们是逐年改稀，逐年换品种，不是一次全部拿掉。现在这橘树正成年，正是壮年时期，和人一样，拿掉了可惜。

山花园艺场散户：我们家种了四五百棵橘树，有四五亩地，一亩地种了100多株，以前种密了。种密了不好，原来种一百二三十棵的地方，现在只要求种60棵，只能一边砍一边移了。

散户：柑橘园开始规划的时候是密植园，一亩地120株。现在没有了，改稀了，按标准是一亩地60株。改稀呀，先是往外抽，栽到种粮地里，以前是三分地种粮，后来就不种粮食了。现在没地方抽了，就砍掉、烧掉。没办法，密了树下面就阴，只有上面几个枝子结果，树里面都是空的，产量低。现在我的园子还没有达到标准，还有八九十株。栽也不好栽，产量少，一年比一年少。我觉得60~70株比较好，现在这一整片都密了，果子都不好吃了。以前，我每年都去广州卖两三次果子，现在不敢去了。你看江西的品种多好啊！比我们的高了一个档次。但一次性抽掉重栽又觉得划不来，有点舍不得，就每年砍几棵吧！

散户：现在让我改稀，麻烦啊！橘树还没有到淘汰的时候，大概要30年左右才淘汰。周围都没有人砍，密一点就锯一点枝条，不砍整棵树，怕影响收益。你重新栽树的话要四五年才能受益，这期间怎么办？起码要让果树淘汰、老化了再改。等七八年后可以换品种啦，就按照每亩地60多株种。

4.3 分析与建议

4.3.1 市场行情

近几年，猪价大降，行情不稳，养猪赚不到钱，是马家湾村农户大都停下垫料养猪的主要原因。传统养猪比垫料养猪的成本要低很多，所以农户觉得还是传统养猪有钱可赚，且稳妥一些。市场行情对农户技术采纳影响重大，如果行情差，养猪不赚钱，农户都会停止养猪，更不要说采用垫料养猪。密改稀技术之所以在石门县获得良好的推广，跟当前市场对柑橘品质的要求越来越高紧密相关，品质好的柑橘卖得价高还供不应求，品质差的柑橘则是跳楼价还无人问津，农户采用密改稀技术的意愿自然强烈。

Burton C. English、Roland K. Roberts 和 James A. Larson 研究了影响美国田纳西州农户采用精细农业种植技术的主要因素，结论是，预期农业净收入的最大化是农户决策是否采用精细农业种植技术的主要考虑问题，影响相应农产品成本和收益的一些因素与此问题密切相关。[①]韩青、谭向勇对农户采用先进节水技术的研究也显示，在粮食作物收益普遍较低和节水灌溉工程投入较高的双重压力下，农户会减少对灌溉水的利用，而不会考虑采用先进的节水技术，如果灌溉粮食作物的水费支出已经达到农户承受的最高限，农户甚至放弃对粮食作物的灌溉。[②]

农产品消费的需求变化关联着农户对农业技术的需求变化，农业生产的目标、方向、数量、质量和效益等从根本上来说由消费者对农产品的需求决定，传统社会是农业生产决定农产品消费的模式，现代社会则是农产品消费引导农业生产的模式。[③]消费者需求面呈现出多样性，需求水平不断提高，必然引导农业趋向多样化发展和不断提高水平，这也就指出了农业技术进步的方向。市场需求变化对农户技术采用行为的影响是实实在在的。在资源（生产要素）给定的条件下，对某种农产品研究投入的增长以及新技术的产生和采用，受市场对该种农产品需求增加的影响。[④]即使一些农户由于受其他因素（例如行政干预）影响而采用了某种新技术，如果该技术未能带来好的经济效益或取得明显的增产优势，农户也会陆陆续续停止该项技术的使用。[⑤]

从农户采用新技术的全过程可以看出，新技术采用的收益和成本、相关产品的价格和销售等因素影响着农户的技术采用决策，农户在采用新技

---

① 杨丽. 农户技术选择行为研究综述[J]. 生产力研究，2010（2）：245.

② 韩青，谭向勇. 农户灌溉技术选择的影响因素分析[J]. 中国农村经济，2004（1）：68.

③ 简小鹰. 以农户需求为导向的农业推广途径[J]. 科技进步与对策，2007（7）：45.

④ 宋军，胡瑞法，黄季. 农民的农业技术选择行为分析[J]. 农业技术经济，1998（6）：37.

⑤ 陈继宁. 农民采用新技术影响因素分析[J]. 社会科学研究，1998（2）：41.

术时受追求高收益低风险动机的驱使。[①]农户做技术采用决策时会对技术采用的成本和预期收益进行比较权衡，新技术的预期产量优势越明显，农户采用新技术的可能性就越大，农产品的价格指数变化越快，农户采用新技术的倾向性就越强。简单地说，农户技术采用决策是技术预期产量优势和农产品价格指数的函数。[②]农户认同和采用率较高的通常是具有低成本、高收益、经营风险小、可节约各类投入要素等特点的农业技术。农户技术采用行为可以看作是利润的函数，农业技术使用的均衡条件是边际成本等于边际收益。当农业不能增长农民收入、失去与其他产业的比较利益优势时，农户因采用新技术而增加的投入非但不能递增报酬，甚至会递减报酬（销售困难时），这种缺乏利益激励的情况导致农户对新技术的有效需求不足。[③]可以说，在农户采用新技术的诸多约束中，利益约束是最根本的。农户采纳一项新技术的决策过程是一个比较新旧技术生产效果的过程。在假定其他条件不变的情况下，如果采用现有技术的净收益小于采用新技术的预期净收益，农户会倾向于选择新技术；如果情况相反，那么即使采用新技术的预期边际净收益大于零（即边际收益大于边际成本），农户的最优决策也不是采用新技术。[④]

农户采纳新技术前，会对新技术及其产品的经济性（如农产品生命周期分析、农产品市场预测等）进行估算。[⑤]从农产品在其生命周期所处的位置来看，农产品处于不同阶段会有不同的市场占有率和不同的利润水平。

---

① 满明俊，周民良，李同昇. 农户采用不同属性技术行为的差异分析——基于陕西、甘肃、宁夏的调查[J]. 中国农村经济，2010（2）：77.

② 王世尧，金媛，韩会平. 环境友好型技术采用决策的经济分析——基于测土配方施肥技术的再考察[J]. 农业技术经济，2017（8）：25.

③ 杨永生，杨晶，王浩. 增加农民收入的一项重要措施——农户选择技术的供求分析与对策探讨[J]. 经济问题探索，2001（1）：50.

④ 张云华，马九杰，孔祥智，朱勇. 农户采用无公害和绿色农药行为的影响因素分析——对山西、陕西和山东15县（市）的实证分析[J]. 中国农村经济，2004（1）：93.

⑤ 王传仕. 农业梯度技术的选择与转移[J]. 中国农村经济，2001（7）：10.

农产品在投放期，利润率高但市场占有率低；农产品在成熟期，利润率下降但市场占有率高。通过对农产品生命周期的分析，农户可以对采纳新技术的经济效益做出评估。农产品的市场需求量和价格水平是市场预测的重点，农户通过分析农产品的市场实际销售数量及其影响因素，可以对农产品的市场需求量变化做出预测。农产品的产量和消费水平影响到其价格水平。新技术的采纳会增加农产品产量，从而降低其价格；消费水平提高了，会增加对农产品的需求，从而推动农产品价格上升。农户通过比较分析农产品的产量和消费水平的关系来对农产品的价格水平变化做出判断。因此，要有效推广农业新技术，提高农户的采纳率，须采取以下几个方面的措施来增强农业新技术的经济效益[1]：

第一，对于农业科研、推广工作来说，相关人员要更加重视农业技术的高产高效性，而不是一味强调产量的最大限度增加却不看重经济效益的大小。为此，相关人员要花费一定的时间、精力评估新技术的经济可行性，只有当采纳某项新技术的新增效益大于新增成本时，才将其推广。

第二，国家要对农产品制定、实施价格保护政策。农产品的生产、消费具有特殊性，农产品价格受自然、市场等因素的影响波动性较大。当前，农产品价格过低就导致了农户采纳新技术后增产不增收情况的出现。为了不影响农户采纳新技术的积极性，就要保证农户的经济收入不受农产品价格波动的太大影响，国家就必须对农产品实施价格保护。

第三，要提高农户采纳新技术的经济效益，国家还须通过大力发展农用工业以工促农，降低农用生产资料价格，从而降低农业生产成本。

4.3.2　常规农业技术与生态农业技术

传统养猪是常规农业技术，垫料养猪属于生态农业技术。垫料养猪代

---

① 陈继宁. 农民采用新技术影响因素分析[J]. 社会科学研究，1998（2）：41.

表着现代农业的发展方向，得到政府、社会的倡导和一定程度的扶持。垫料养猪虽然环保，有益本地居民身体健康，具有生态效益，但在经济效益上却不如传统养猪，不仅出栏猪的数量和品质没有明显优势，反而增加了养殖成本，这正是马家湾村农户停止垫料养猪的主要原因。韩青、谭向勇研究认为，如果采用新技术不仅不会提高收入，还会增加劳动力投入，即便有政府行政干预性质的推广，也只能获得短期的扩散效果。农户作为独立的市场主体，还是会做出返回采用传统技术的理性选择。[①] 罗小锋、秦军调查发现，对于先进的无公害生产技术，尽管农户普遍认为该技术的使用可以提高产品质量，但农户的采用意愿却不强烈，有 24.5% 的农户由于农药价格高而不愿采用，有 49.2% 的农户因为觉得短期内难有经济效益而不打算采用，只有 26.3% 的农户愿意采用。[②] 黄炎忠等人的研究发现，绿色农产品的销售难度越大，销售渠道越不稳定，有机肥获取的成本越高，对农户生产利润的挤压程度就越大，那么市场对农户施用有机肥的激励就越小，这会抑制农户采纳有机肥施用替代化肥技术。[③] 这都说明尽管农户能够认识到生态农业技术的重要性，但多数农户会基于短期经济效益的考虑而拒绝采用。谈存峰、张莉、田万慧对"农户采纳农业新技术首先考虑的问题"做了调查，结果显示，三项考虑问题按先后顺序依次为"增产增收""减投降耗""节能环保"，可见，在农户的考虑中经济效益处于优先地位，增加产出、降低成本始终是农户采纳新技术的主要动因。即便农户已经意识到自己有采用生态友好型技术以保护农业生产环境的责任，也只有在他们看到生态友好型技术能够切实带来更好收益时，才会真正付诸行

---

① 韩青，谭向勇. 农户灌溉技术选择的影响因素分析[J]. 中国农村经济，2004（1）: 64.
② 罗小锋，秦军. 农户对新品种和无公害生产技术的采用及其影响因素比较[J]. 统计研究，2010（8）: 94.
③ 黄炎忠，罗小锋，刘迪，余威震，唐林. 农户有机肥替代化肥技术采纳的影响因素——对高意愿低行为的现象解释[J]. 长江流域资源与环境，2019（3）: 638.

动采纳应用。①

　　农户的技术采纳行为符合一定的经济规律，即农户作为理性经济人，对农业技术的选择也以追求利润最大化为目标。一项技术必须在生产上具有较高的盈利性，或者说能够产生较大的经济效益，才能实现对另一项技术的替代。技术的经济效益可以用产量、技术采用成本、产品价格等指标来衡量，总而言之就是利润。农户在决策是否采用某项技术时，采用这项技术能否带来比采用其他技术更高的经济效益是其首要考虑的问题，如果并不会产生更高的经济效益，农户一般不会采用。因此，农户采用生态农业技术的关键，是要能增加他们的收入，提高他们的福利水平，至少不能让现有的福利水平降低。耿宇宁、郑少锋、陆迁对猕猴桃防控技术采纳行为的研究表明，包括市场预期、质量认证与合同保障在内的市场激励机制，显著促进了农户对绿色防控技术的采纳。具体来说：对猕猴桃市场前景持乐观预期的农户比持悲观预期的农户更倾向于采纳绿色防控技术，因为农户的市场预期产生于对市场需求的估计，而市场需求是农户采纳绿色防控技术的主要诱导因素；生产认证猕猴桃的农户比生产普通猕猴桃的农户更倾向于采纳绿色防控技术，因为农产品质量认证体系向消费者传递了农产品质量安全信号，质量认证造就了无公害猕猴桃、绿色猕猴桃、有机猕猴桃的市场价格平均比普通猕猴桃价格高出 5%、20% 和 100% 左右的市场行情；合同农户比非合同农户更倾向于采纳绿色防控技术，因为合同生产模式在农户与收购商之间构成了相对稳定的供销关系，农户能够获得更稳定的销售渠道与更高的销售溢价，而收购商对猕猴桃质量安全的要求较高，促使农户通过采纳绿色防控技术使猕猴桃达到较高的收购要求。②

---

① 谈存峰，张莉，田万慧. 农田循环生产技术农户采纳意愿影响因素分析——西北内陆河灌区样本农户数据[J]. 干旱区资源与环境，2017（8）：35.

② 耿宇宁，郑少锋，陆迁. 经济激励、社会网络对农户绿色防控技术采纳行为的影响——来自陕西猕猴桃主产区的证据[J]. 华中农业大学学报（社会科学版），2017（6）：65-67.

目前，农户采用生态农业技术不能获得比采用常规农业技术更大的收益，而采用生态农业技术却比采用常规农业技术要承担更多的成本和风险。于是，当现有市场因素、政策因素没能对农户采用生态农业技术产生足够的经济激励时，农户会理性地选择采用成本和风险相对较低的常规农业技术。[①]采用生态农业技术不仅不会带来明显的经济效益尤其短期经济效益，而且需要付出确定的技术跃迁成本。[②]这种技术跃迁成本包括以下三个方面：一是生产资料成本。采用生态农业技术的，需要更多资金投入，使用与常规农业技术有很大不同的农药、肥料以及其他相关生产资料。二是学习培训成本。由于生态农业技术与常规农业技术有很大不同，为了适应、掌握新技术，农民需要投入一定时间、精力及金钱重新学习和实践。三是市场交易成本。为了农产品的销路，农民需要付出一定成本对农产品做检验检测和搜寻市场行情信息。农业经营主体考虑到各种技术跃迁成本的负担，采用生态农业技术的意愿一定程度上减弱，从而出现很少主动寻求或采用生态农业技术的情况。农户采用生态农业技术也受到各种风险的约束。农业技术采用的风险，即农业新技术在既定条件下和既定时间内应用到农业生产过程中，给农民带来的收入不确定性以及引发的农业生产经营各环节的无序性。农业生产要素因为农业新技术的广泛应用必然需要重新组合，农业生产要素投入的数量和结构也会发生变化，从而对农业生产的环境条件、农民素质等提出了更高要求，在生产过程中会产生许多新的风险因素。目前，气候、病虫害风险等自然风险，还有市场和价格波动等社会风险是生态农业技术采用存在的主要风险。大多数农户在小规模生产模式下，注重风险规避，导致他们在选择新技术、新品种时特别谨慎小心，不会贸然

---

① 向东梅，周洪文. 现有农业环境政策对农户采用环境友好技术行为的影响分析[J]. 生态经济，2007（2）：88.

② 周建华，杨海余，贺正楚. 资源节约型与环境友好型技术的农户采纳限定因素分析[J]. 中国农村观察，2012（2）：40.

决定。与常规农业技术不同的是，生态农业技术追求经济、生态、社会三重效益的统一与和谐，而不是仅仅追求经济效益。因而，应该注重研发、推广兼具经济效益、生态效益和社会效益的生态农业技术，对于目前那些亟须推广、但不能或短时间内不能给农户带来明显经济效益的生态农业技术，政府应当切实落实"绿箱"政策执行补贴或提高原有补贴水平。[①]

农户作为农业生产经营的最小和最基本单位，是技术采用的行为主体、农业资源的占有和使用主体、农村环境资源的消费主体，农户的技术采用行为决定了农业资源利用方式和农村环境的消费方式。农业资源和环境的浪费、破坏出自农户，对农业资源和环境的保护、利用也必须从农户抓起。现实中，有三个方面的原因造成了农户技术采用的决策与国家宏观技术应用取向、生态农业发展目标的矛盾。[②]

首先，目标追求不一致。在市场经济条件下，政府和农户是两个独立行为主体，二者在目标追求上存在许多不一致的地方。政府出于对整个国家或社会生存、发展的考虑，制定和实施生态农业发展战略，倡导和支持生态农业技术的创新、推广，政府代表的是国家利益。在政府追求的目标中，既有产量和效益的最大化，也有生态农业发展的远大蓝图。自家庭联产承包责任制实行后，农户作为相对独立的生产主体和投资主体，为了维护家庭本身的生存与发展，其生产行为和投资偏好致力于实现家庭收入的最大化。从而，收益的最大化是农户技术采用整个目标函数中的主要目标。在这个主要目标的指引下，农户倾向于采用增收型技术。在农业资源（如耕地等）产权不明确、不稳定的情形下，农户对待农业资源不会像对待属于自己的资产一样，在生产中较多采用有利于养地和保护资源的有机类技

---

① 高瑛，王娜，李向菲，王咏红. 农户生态友好型农田土壤管理技术采纳决策分析——以山东省为例[J]. 农业经济问题，2017（1）：46.
② 阎文圣，肖焰恒. 中国农业技术应用的宏观取向与农户技术采用行为诱导[J]. 中国人口、资源与环境，2002（3）：28-29.

术，而是较多采用能快速带来高产的化肥、农药等生化类技术。这种急功近利的目标追求就偏离了政府发展生态农业的意图。

其次，新技术供给存在不足与不适。新技术供给上的问题也导致了农户技术采用行为对国家生态农业发展规划的偏离。我国在人口膨胀、粮食短缺的过去，讲求的是农产品供应的数量，"数量"成为农业技术创新、推广的核心指标，农业技术的研发、供应多以能够提高农产品数量的"数量型技术"为主，这些技术由于更多考虑的是增产方面的要求，就忽视了对资源与环境带来的影响。新中国成立的几十年中，农业技术主要供给的是以高产特征为主的"数量型技术"，缺乏对能够兼顾数量和品质、与环境相容的生态农业技术的研发和供应，可供农户选择应用的生态农业技术十分匮乏。少有的一些生态农业技术，要么因高产性能不佳，要么因可操作性不强，要么因受制于农户土地经营规模等非技术的客观因素，遭到农户的拒绝。例如，农户很欢迎节水技术，因为它具有节约水资源、防止土地次生盐渍化、增产性能方面的显著功效，但是这种技术整体性强，需要一定区域范围内的农户共同应用，具有部分公共产品的特性，单个农户或小规模生产受地块细小的制约无法应用，如果应用就要面对成本过高、效益外溢等问题。对于广大中小规模农业经营主体而言，由于土地细小，生态农业技术在其上能够产生的资源节约和技术进步收益是十分有限的，对此农户难以产生太大的采用意愿和热情。

再次，成本收益考虑的差异。整个国家或社会的生存和发展是政府发展生态农业的着眼点，边际社会收益和边际社会成本是政府在生态农业技术推广中考虑的主要问题。国家出于保证社会长久发展与自然资源持续利用的考虑，必须负担起经济社会发展过程中产生的水土流失、环境污染等治理成本。其边际社会成本除了治理环境的直接费用之外，还包括为约束农户资源利用行为产生的管理费用。而农户更多考虑的是技术应用的边际私人收益和边际私人成本，致力于实现家庭收益的最大化，在资源利用技术的采用决策中也是如此，尤其是在资源产权不明晰的情况下，农户往往追求私人收益最大化和私人成本最小化。例如大量施用化肥、农药的行为，对于农户而言，这种行为能够促成最大化产量和获得最大化收入，在其边际私人成本中却不用承担相应的环境污染治理成本，而是将它转嫁给了社会。通过将农业技术应用的外在性成本轻易甩给社会，农户实现了其边际私人成本小于应该的成本，边际私人收益高于应该的收益。在利益诱惑下，农户的技术采用行为就会倾向于"搭便车"，而不会过多考虑技术应用对资源和环境的损害，这就与政府生态农业发展战略形成了矛盾。

农户技术采用的决策与国家农业技术应用的宏观取向存在矛盾说明，当前国家将生态农业发展的公共目标引入农业技术创新活动的同时，为了推动农户尽早采用生态农业技术，促使生态农业技术尽快在农户中扩散开来，还必须对农户的技术采用行为进行引导和诱导。对农户技术采用行为开展引导和诱导的主要原则有[①]：一是农户自愿原则。这一点已在我国农业技术推广法中得到明确规定：任何组织和个人不得强制农业劳动者应用农业技术，强制农业劳动者应用农业技术且给农业劳动者造成损失的，应当承担民事赔偿责任。所以，农户采用农业技术必须是自愿的，农户在技术采用决策上的独立自主性必须得到尊重和保障，政府可以使用行政手段和经济杠杆相结合的方式对农户的技术采用行为进行引导，却不能使用强力迫使农户采用或不采用某种技术。二是政府补偿原则。政府和农户有着不同的主体利益。农户采用生态农业技术，在生产过程中会产生生态价值的"增值"，这实际上是给政府主体利益做出了"贡献"，与此同时，农户的主体利益却因承担一定的成本而遭受损失。作为不同于农户的利益主体，政府要想调动农户采用生态农业技术的积极性，就应该按照农户所做生态

---

① 阎文圣，肖焰恒. 中国农业技术应用的宏观取向与农户技术采用行为诱导[J]. 中国人口、资源与环境，2002（3）：30.

贡献的大小对农户技术采用的"外溢成本"给予补偿，将生态价值折算为经济利益补偿给农户。三是利益兼顾原则。作为一种经济行为，农户采用技术自然追求自身利益的最大化，采用生态农业技术时也是如此，必须能够降低农业生产成本和增加家庭收入。而政府行为追求的是社会公共利益的最大化，对于生态农业技术的推广应用而言，就是要实现农业增长、农民增收、农村生态环境的改善，有效防止病虫灾害、旱涝灾害、水土流失和环境污染等问题的发生。利益兼顾原则，为的是实现农户和政府共同利益的最大化，即通过一定的制度安排和运用相应的经济、法律等手段，协调政府和农户的利益差异，实现二者利益的互促，达到最终综合利益的最大化。利益兼顾原则是促进政府技术推广和农户技术采用的基本原则，违背这一原则，导致一方利益受损而另一方利益超额，不利于生态农业技术的推广和应用。

4.3.3　优质农产品技术与高产农产品技术

石门县柑橘受市场行情的影响，早些年柑橘是求大于供，收购时只求数量无须过多考虑质量，所以密矮早的高产农产品技术很受农户欢迎，而近些年，市场收购柑橘的要求越来越高，品质差的果子基本已经丧失市场，因而农户普遍转向采纳密改稀的优质农产品技术。影响农户采用新农业技术的因素众多，整个决策过程也很复杂，最终是否采用是诸多因素共同作用的结果，但其中最为基本的决定因素，当前已由追逐产量增加转变为讲究盈利最大化。以20世纪80年代为大致的分界岭，之前农户是以增加产量为生产的主要目标，之后农户对生产盈利的考虑逐渐加强。陈继宁研究了目前在粮食种植上，农民采用新技术时主要考虑的是经济效益而不再是产量增加的原因[①]：一方面，随着农村生产经营制度的改革，农业生产力水

[①]　陈继宁. 农民采用新技术影响因素分析[J]. 社会科学研究，1998（2）：40.

平快速提高，农产品产量大幅增加，农户口粮充足且绰绰有余，因而不再以增产为主要追求目标；另一方面，随着农民商品经济意识的增强，他们更注重经济效益，觉得与其采用能增加产量但经济效益不好的技术，还不如转向种植经济作物或从事其他行业以增加家庭经济收入。农户追求产量的动因日趋减弱，追求盈利的动因日趋增强。

市场经济的发展，会促使农业生产追求产量、质量和效益三个方面的目标，并最终归结到经济效益上，而不是追求单纯的产量目标。由此在农业技术推广中，那些能够被广大农户接受并付诸生产的技术，只会是那些能够有效提高农业经济效益的技术。农民采用新农业技术，不仅要改变传统的生产习惯，还要增加新的生产投入，包括物质投入和人工投入，在市场经济条件下，投资就要讲求经济效益，所以农户作为商品生产者自然要求采用的技术能够产生最大化的利润。在市场经济体制下，作为独立商品生产者的农户越来越重视采用农业新技术的经济效益问题，经济效益现已替代产量成为驱动农户采用新技术的最基本因素。[①] 随着我国经济社会的发展，人们的收入水平越来越高，越来越讲求生活质量，市场对农业技术的需求也从增产转为提质。与此相适应，国家科技政策也要做出对应调整，引导、激励科研机构及人员，从原来注重对高产技术的研究与开发，转向注重对不影响产量基础上的优质技术的研究与开发。[②]

4.3.4　农户有限理性

马家湾村农户的想法是：养猪只要能赚钱，一切都好，对于采用垫料养猪技术收益的高低、成本的大小，不会太过计较，而当养猪不赚钱的时候，收益成本问题就成为他们技术采纳决策时主要考虑的问题。石门县农

---

① 陈继宁. 农民采用新技术影响因素分析[J]. 社会科学研究，1998（2）：39.
② 宋军，胡瑞法，黄季. 农民的农业技术选择行为分析[J]. 农业技术经济，1998（6）：44.

户虽然已经认定采纳密改稀技术种植柑橘是大势所趋，其收益是可以预期的，但为了保证收益的连贯性，不会在前面几年急剧下降，会根据自己的情况采用相应的密改稀方式。密改稀的过程往往是逐步进行的，而非一次性完成，以此来降低收益风险。弗兰克·艾利斯研究认为，农民的行为倾向受自身属性和外部环境因素的影响，在信息充分、生产条件具备和消费品多样化的情况下，农民倾向于采取理性的行为，否则就会采取非理性的行为。[①]韩青、谭向勇的研究显示，农户对农业技术的选择是有所区别的，对于能够产生高收益的经济作物往往会采用现代农业技术，而对于保证基本生存需要的粮食作物通常保持采用传统农业技术。[②]由此可见，农户的技术采纳决策会兼顾考虑稳定生活和增加收入两个方面的需要。袁涓文、颜谦的调查显示，D村农户为了规避粮食生产的风险，在种植杂交品种的同时仍然种植了地方品种。[③]一个原因是杂交品种虽然好，但如果种植不好可能会绝收，而地方品种已经适应当地生态环境，无论怎么种都有收成；另一个原因是出于规避生产风险的考虑，D村村民一直在采用传统的玉米、豆类、葵花套种技术，而种植杂交玉米不能套种其他作物，增加了生产风险。因为杂交玉米对肥料的需要大，肥料施多了不利于豆类等作物的生长，再加上杂交玉米种植密度大，豆类套种其中缺乏光照，不会有什么收成。

农业受自然条件、市场状况和经济、政策等因素变动的影响很大，是一个典型的风险产业。根据农户具有的资源禀赋的不同，承受风险的能力和对待风险的态度不同，可以把农户大致分为寻险型农户、风险躲藏型农户和风险中性农户。他们在技术采纳决策时所认定的边际收益线及行为选

①　弗兰克·艾利思. 农民经济学：农民家庭农业和农业发展（第二版）[M]. 谢景北. 上海：上海人民出版社，2006.

②　韩青，谭向勇. 农户灌溉技术选择的影响因素分析[J]. 中国农村经济，2004（1）：68.

③　袁涓文，颜谦. 农户接受杂交玉米新品种的影响因素探讨[J]. 安徽农业科学，2009（14）：6652.

择有所区别。寻险型农户决策时参照的是好年景的收益状况，会积极采用新技术，这在好年景中能够获得超额收益，但如果碰到坏年景，就会出现较大损失；风险躲藏型农户决策时参照的是坏年景的收益状况，不论年景如何都能保证稳定却微薄的收益，但失去了在好年景获得高收益的机会；风险中性农户决策时参照的是长期的边际收益线。[①]农户躲避风险的行为遵循的是"生存原则"，首要谋求的是家庭基本生活需要的满足，会想方设法排除各种因素对此目标的威胁，即农户会优先考虑"安全第一"。主观风险的存在是造成农户在技术采用方面做出保守决策的因素。主观风险产生于农户对技术信息获知的不完备、不及时，当农户无法获得新技术的全面、最新的信息时，对新技术的产出水平和投入水平就会产生误判，一般会低估边际产出而高估边际成本，从而导致对新技术的观望或拒绝态度。目前，基于反风险心态的风险躲藏型农户居多，对于新技术通常是谨慎小心的心理，徘徊观望的行为，即便新技术的优势已经开始显现，少数积极农户已经开始采用，这些风险躲藏型农户也不敢贸然接纳新技术。[②]

农业技术采用决策是农户对各种可获得的技术进行比较后，选择其中最好的加以应用的决定，出于获取最大利润的动机，各种技术的收益和成本是农户进行比较，并很大程度上决定最终选择的主要内容。然而，农户的技术采用决策受到诸多因素的干扰，包括自然灾害、市场变动等造成的客观风险，信息不准确、不完全、不及时等形成的主观风险。上述因素的干扰，再加上整个社会应对风险的信用手段的缺乏和无力，使得农户不得不面对在较低风险和较高利润之间做出抉择的难题。而农户经过再三权衡，往往是对较低风险的偏好压倒了对较高利润的追求，以避免较为脆弱的家

---

① 汪三贵，刘晓展. 信息不完备条件下贫困农民接受新技术行为分析[J]. 农业经济问题，1996（12）：31.

② 周衍平，陈会英. 中国农户采用新技术内在需求机制的形成与培育——农业踏板原理及其应用[J]. 农业经济问题，1998（8）：11.

庭生计因各种意想不到的风险打击而难以维持。所以，收入、消费的稳定
而不是短期利润的最大化才是农户技术采用决策的主要考虑问题。①

上述研究成果都有力地支持了农户有限理性学说。正如以黄宗智为代
表的有限理性学派所指出的，长期以来小农都是理性和非理性行为的复杂
混合体，既重视家庭生计的维持，又渴望最大利润的获得，从而在不同条
件下表现出不同的行为倾向，在小规模经营时倾向于维持生计，在经营规
模较大时则倾向于谋求利润。尤其中国的农户，一方面建立的是以家庭为
主导的生产结构，另一方面又被卷入市场经济的大潮，他们的理性在维持
家庭生计和追求利润最大化两种偏好之间摇摆不定，是一种有限理性。

---

① 汪三贵，刘晓展. 信息不完备条件下贫困农民接受新技术行为分析[J]. 农业经济问题，
1996（12）：31.

5 技术属性与农户技术采纳行为

技术属性，主要是指先进性和适用性，直接决定了农户采纳某种技术进行生产的效果和效率。技术的先进性是农户采纳技术的优先条件，是指一项新技术在同类技术中处于领先水平，生产的产品具有质量好、竞争力强等特点，在生产中成本低、效率高，或在某一方面有突出的特点。技术的适用性是农户采纳技术的必要条件，是指一项技术适应当地人力、物力和财力条件，与当地自然区位、生产资源、技术系统相匹配、融合。先进技术可能是当时当地的适用技术，也可能不是。先进技术是否成为适用技术，决定于一定的社会经济状况，决定于运用这一技术的目的、时间、地点和条件。

5.1 垫料养猪技术

5.1.1 技术成熟度

在马家湾村农户看来，垫料养猪与传统养猪相比确实是一项较为先进的技术，但是率先采用垫料养猪的一些农户又认为，该技术研究出来的时间不长，应用于生产实践仍然存在一些问题，还不够成熟。

村长曹某说：现在这个零排放也是刚做，供应单位的技术还不是很成熟，另外，农民的掌握度不够、操作不到位，所以还有一点小问题，但还是值得推广的。

5.1.2　气候适应性

猪生长的适宜温度在 30℃ ~ 35℃之间，环境温度过高或过低都容易发病。浏阳市夏季气温较高，猪舍使用垫料后，垫料分解猪粪便然后发酵，导致猪舍温度往往增高至 50℃ ~ 60℃，却不能像以前一样淋水降温，因为会淋坏垫料，再加上环保猪舍建造得大、养的猪多，通风又不理想，猪就容易生病。而在冬季，垫料分解猪粪便发酵提高了猪舍温度，猪能够在温暖的环境中生长。因此，垫料养猪有一个应对夏季高温挑战的问题。

畜牧站罗某说：这个技术没有过关。冬季养还可以，夏季就不行，这跟本地的天气有关。零排放不太适应我们这里的气候，猪舍达不到标准，通风也不行。猪生长的适宜温度在 30℃ ~ 35℃之间，可垫料中的温度高达 50℃ ~ 60℃，这样的温度猪受不了，又不能淋水，死亡率高。

村民彭某说：垫料养猪适合冬季，垫了那么多，猪的粪啊尿啊全在里面就发酵了，猪舍里面暖和。夏季就不行啦，猪过不下去，热得发烧。有的地方气候适宜，没有我们这里这么热，可能四季都可以用。

饲料公司科长刘某说：环保猪场在我们浏阳这里不怎么行得通，像这个热天气的话就不好了，温度太高了。那个垫料是干的，屎尿在里面就发酵，温度会更高，猪就不舒服了，容易生病。零排放在冬季会好一点，外面温度低，栏里面还是要温度高一点的好。所以，大部分人对零排放不是很认同，很多人用了一段时间，又把那个环保栏改回来了。主要是因为天气。可能零排放对气温比较低的北方地区更适用，在南方冬季还可以，夏季不行。

5.1.3　消毒杀菌

猪是群体饲养，几十头甚至上百头猪养在一个猪栏里，相互间很容易传播疾病。垫料养猪，要在垫料里掺加一些消毒杀菌的成分，虽能够起到一定的防病抗病作用，但无法防御大的疫病，又不能往垫料上喷洒消毒液，因此，垫料养猪存在消毒杀菌不便的问题，这加大了防治疫病的难度。

兽药店老板高某说：环保养猪现在看也不是很理想。垫了那个配制料以后，养了第一场，第二场就不行了。主要是原料不行，放在里面猪容易生病，这也是技术问题，还是过不了关。

村民田某说：环保养猪的好处是没有污染，但是对疾病防治作用不大。公司的宣传资料里说，垫料里加了一些什么可以杀死一些病菌的成分。但在实际中，猪是群养的，每个栏里放几十上百头猪，这利于疾病传播，虽说那些杀菌成分能抑制一些细菌，但病情真正来了的话，就很难控制了。垫料里不能再进行消毒，因为里面本来就是一种菌在那里发酵。所以，现在很多人都在争论这个问题，有人说它好，有人说它不好。

5.1.4　垫料化粪功效

垫料公司宣称，购买一次垫料可以使用一年，一年可以养两批猪，然后才需重新购买垫料。而农户在实际使用中发现，垫料消解粪便的功效没有那么持久，一次垫料根本养不了两批猪，垫料越用功效越差，到不了一年就不能化解猪粪便了，需要农户掺加一些配料才能用到一年。

村民组长陈某说：去年，我把垫料改进了一下，养了一批，效果还可以。垫料技术如果不完善的话，就不行。主要是猪大了以后，普遍反映就是粪便太多，垫料消解不了。

畜牧站站长周某说：这个零排放的技术是比较先进的，可以说，在目前算是最先进的，但要真正做到适用的话，还需要慢慢改进。经过实践，这个零排放对于 60 公斤以下的猪，效果相当好。相对于传统养猪环境，60 公斤以下的猪在这个环境里生存好很多。但是上了 60 公斤，吃喝拉撒全在里面，这个垫料就薄了一点，消化不了那么多粪尿。

5.1.5 引发疾病

猪长大后，粪便排泄频繁且量大，垫料无法实现完全消解。为了解决这个问题，不少农户想出了个办法，往垫料里掺加老糠子等材料来增强其化解粪便的功效。功效是增强了，但这些材料被猪吸入肺部，会导致一些呼吸道疾病，由此带来了新问题。

村民组长陈某说：我们这里有人用了垫料，效果还是有的，但小问题也存在。好多人对垫料做了改进。比如往里面倒些老糠子等，这对猪的肺部是有一些影响的。于是，有些人又想重新翻过来用老方式喂养。

5.2 柑橘密改稀技术

5.2.1 技术认同度

密改稀技术获得石门县农户的高度认同，他们大都承认"密改稀技术确实是一项好技术"。大多数农户也感到现在的柑橘市场完全是求小于供的买方市场，销售行情低迷，今后如果不进行密改稀，不进一步提高果品质量，不要说卖个好价钱，贱价卖不卖得出去都成问题，种植柑橘将毫无经济效益可言。对密改稀技术有所了解的农户认为它相较于传统技术具有三大优点：第一，果园经过稀植后，由于光照充足，柑橘果实不仅成熟早，而且果型好，漂亮又光滑，果品质量高，则销售价格高；第二，稀植后，果树植株减少了，但柑橘产量并不会降低，因为稀植后1棵果树的产量能够达到之前2~3棵果树的产量；第三，果园经过密改稀后，培管提高了效率，人员、机械进出果园以及喷药、施肥、采果更加方便，省时省力。

秀坪园艺场书记：我总觉得这个密改稀是个好事，为什么呢？一是它确实便于我们进行培管，人员进进出出，打药啦、采摘啦、施肥啦，都方便；再一个就是它确确实实能做到阳光充足，这个能使内团果、外围果都得到充分的光照。

私人苗木基地农户：我们很多的树是原来栽的，那是八几年栽的树，栽得密。那个时候，石门的柑橘办对密度有要求，越密越好。现在树长大了，密了就不行了，还是要稀，稀植一棵树的产量可以抵密植两三棵树，果子还比以前好。

山花园艺场散户：种植的效果与稀密有关，稀了阳光好一些，容易照到果树，密了就照不进去，树一大，结果就不行了，会产生这样那样的问题，特别是雨天，对花的影响很大，果子也结得不乖质（不优质）。

柑橘办工作人员：我们是从2000年开始推广密改稀的。这样做，第一是可以改善品质，第二是提高单位面积产量，第三是方便农事活动，像耕作啊、打药啊、施肥啊，稀植后都变得方便了。而在以前的密植园里做事就跟挖煤似的，既不方便，也不卫生。当然，密改稀的头一年产量会减少，但是第二、三年以后，产量就比改之前要高，而密矮早跟稀植相比，前期的产量会多一些。比方说，密植每亩1株产3斤，100株可以产300斤，200株就有600斤；稀植每亩1株绝对产不到6斤，大约4~5斤的样子，50株也只有250斤左右。但是树大了以后，密植的树只能结最上一层的果，不能形成立体结果；而稀植的树，上上下下都结果，1株树产150斤是完全可以的，这是通过实践证明的。如果是高产树的话，结300~400斤果是完全可能的。密改稀的技术就是增加个体产量，提高总产量。

三花村老支书：我们最初也都以为密点好，所以搞得是密矮早，后来发现密了不好，打药都不方便，不易培植，对果子的成熟很有影响，所以老百姓就逐渐改为稀植了。

散户：密改稀以后，橘树的枝盘扩开，透风、光照好，好处很多。树太密了，阳光进不来，橘树枝条发不开，结的果子也不行。

秀坪园艺场技术主管：不只政府这样要求，农户自己也知道必须要密改稀了。密了的话，果子结得不漂亮，也卖不到价钱；密改稀之后，果型好，又漂亮又光滑，成熟得也早，卖的价格好。密改稀技术还是不错的，有的单株能采到400斤，400~500斤的也有，每亩就可以达到1万3千斤。

5.2.2　技术更替难度

在密改稀技术之前推广的是密矮早技术。"密"就是密集栽种，"矮"就是树冠矮小，"早"就是早结果、早受益。密矮早技术主要是通过适当加密单位面积的果树种植数量、缩短结果时间来增加柑橘产量，满足市场需求，通常每亩地会种植120~150株，而果树密植自然不能让树冠高大。密矮早技术来源于日本的计划密植，是一种有计划地先密后稀的培管方式，区分永久树和间栽树是计划密植的关键所在。橘园的重点培管树和主产树是永久树，须控制其结果和重视树冠、根系的培养，对于间栽树则不过多考虑整形和根系培养，只是促其早点结果，获得丰产。当永久树和间栽树的生长相互影响时，就要去除间栽树，通常10年间伐一次，20年间再伐一次，剩下永久树。不及时去除间栽树会造成两个后果：第一，太阳光会直射不到树的下层及地面，内部及底层树枝光合作用不足，果实的产量、品质大打折扣；第二，树干过于稠密，病虫害容易蔓延，当有果树发生病虫害时，树与树之间相互交织容易造成病虫害交叉感染，树干密集也不方便对树内层喷洒药物治疗。可以说，密矮早技术与密改稀技术属于一个技术系列，随着果园成长、市场变化，就会要求果树密矮早改为密改稀，这种技术过渡难度并不大。石门县已有30多年的大规模柑橘种植史，20世纪70年代末期开始推行密矮早技术，当时每亩地种植150株左右果树，2000年以后每亩地平均种植80~100株之间。大多数橘园都是老产园，长久以来，橘园由于过于密集、树干增大，树干内部和底部光照不足，病虫害交叉感染严重，喷药、修剪、采摘工作越来越困难，果实质量不断下降，因此开始推广密改稀技术。

柑橘办工作人员：我们是从2000年开始推广密改稀技术的。在柑橘发展的初始阶段，我们推广的是密矮早技术，还被纳入了国家的星火计划。"密"就是密集的意思，"矮"是树矮，"早"就是早结果、早受益。单位面积的种植数量适当加密，树冠太高是不行的，所以就推行矮，目的就是早收益、早投产。对于柑橘，不管幼年树培管得多好，或者说你这棵树比别人大多少，它的结果能力相差不是很大。比如采用密矮早时，一般都是每亩种100株。密改稀的话，有的是每亩种50株，密植的产量就比稀植的大很多。虽然密改稀头一年的产量会减少，但是第二、三年以后，产量就比改之前要高。比方说，密植每亩1株产3斤，100株可以产300斤，200株就有600斤；稀植每亩1株绝对产不到6斤，大约4~5斤，50株也只有250斤左右。但是树大了以后，密植的树只能结最上一层的果，不能形成立体结果；而稀植的树上上下下都结果，1株树产150斤是完全可以的，如果是高产树的话，结个300~400斤也是完全有可能的。密改稀的技术就是增加个体产量，提高总产量。农户栽个七八年，意识到稀植的好处后，就会自发地逐渐把树栽稀了。

5.2.3 技术与多种经营的关联

密改稀技术不仅提高了柑橘质量、促进了柑橘销售，也可以与其他生产经营技术相互补充、促进，丰富农户的生产经营结构。橘园稀植后，农户可以利用果树间宽敞的空地种植其他经济作物、养殖畜禽，也可以开展农家乐等农村休闲、农业体验经营活动。

橘园农家乐农户：我这里的橘树种得很稀，比别人家种得都要稀，1亩种了 40 株。我本来就准备做农家乐的，所以只种了 40 株。我们这一片全都是搞农家乐的。

散户：果树密了不行，多了也没用。我早先那个树就种密了，修剪了很多，也砍了一些。密植的树产的优质果远没有稀植的树多。稀植了，我还可以在橘树中间种些西瓜啊、黄豆啊、花生啊，增加经济收益。

5.2.4 技术示范效果

目前，应用于生产的柑橘栽植技术五花八门，一些同类技术的做法甚至完全相反。造成这种情况的原因，一方面是很多技术专家到基层去讲课、送技术，其技术见解或技术主张各不相同，另一方面是橘农经过多年的种植，也形成了自己的一套种植经验，对此有一定的坚持。橘农对密改稀技术好坏的判定主要来自其应用的实际效果。开办示范园的主要目的就是让橘农能够全过程地、眼见为实地了解新技术应用的实际效果，从而认识到新技术的先进性，进一步采纳新技术。由此可见，柑橘示范园的开办状况对于密改稀技术的推广至关重要。石门县现有两个密改稀技术示范园，一个是秀坪园艺场的中日友好橘园，一个是二都合作社的无核椪柑示范园。就密改稀技术在整个石门县柑橘产地的推广而言，示范园的数量、规模还远远不够。

柑橘协会负责人：这个密改稀推广了那么多年，却一直没有像样的示范园。如果能够建一个园子，产量很高，成本也低，果子也好看，农民看到了，这不一下子就普及开了吗？采用密改稀技术，必须考虑到机械化的问题。稀植后，机器就能进园，打药方便了，采收也到位了，现在用担子挑也是很贵的。密改稀需要示范，不然没有说服力，说服不了人家。有时候农民不接受一些实用性好的技术，最大的原因就是没有做好示范。

秀坪园艺场书记李某：希望研发机构能在我们这里设立基地，将基地作为试验田，把他们的成果推广出去，我们秀坪园艺场愿意做这个事。我们希望通过这个基地，把我们最新、最先进的科研成果辐射出去，让更多的老百姓受益。科研人员最好能长期蹲点在这里，如果说不能长期来，也可以对我们的技术人员进行培训。技术人员通过培训，在实践中把这些科研成果进行转化，实现实际的经济效益。现在的老百姓很务实，只要见到效益，马上就会把这个经验传播出去。另外，还有一个无形效益的问题。如果说农大邓教授的科研基地建在秀坪，作为国内外认可的学术权威，他也能推动好多人都来秀坪参观学习。

5.2.5 技术定型

科技人员带给农户的都是些研发出来的新技术。对于这些新技术，基层农技人员和橘农往往持较为谨慎的态度，觉得教授、专家的意见是一家之言，他们的技术也只是在试验田里用过，不一定成熟，也不一定适用，在没有定型之前是不适宜在本地进行大规模推广应用的。县政府、县柑橘办和柑橘协会对柑橘新品种、新技术的判断对园艺场、合作社和农户的采纳决策影响重大，这些部门为了降低柑橘生产、产业经济的风险，基于部门公信力考虑，不会立即推广某种刚研发出来的品种、技术，直到它们得到相当范围的应用和认同。

秀坪园艺场负责人：很多专家来我们这里进行培训，但有些专家的观点跟国家柑橘中心长沙分中心推广的技术不一样。比如有一个专家就说，"不修剪、不松土，这跟我们现在搞的密改稀、修剪有冲突"。我们园艺场是怎么做的呢？我们根据现在的常规做法来做。柑橘肯定是要进行修剪的，一直以来我们也都是这么做的，并且实践证明柑橘修剪是有效果的。我们觉得"少修剪、少松土"属于一种比较前沿的技术，在国家没有进行大规模推广的时候，我们是不会采用的。就好比果树品种都是先通过几年的选优以后，再经过几年的试栽观察，定型以后才能进行推广。刚刚选育出的新品种马上进行大面积推广，那肯定是行不通的。作为一级行政机关，我们要最大限度地减少老百姓要承担的风险。

5.3 分析与建议

5.3.1 技术认知

马家湾村农户对垫料养猪的认识是：这是一种较为先进的技术，但由于该技术刚研发出来不久，实际应用的时间不长，尚未成熟，仍存在一些需要改进的问题，如垫料消解粪便的功效还不够强、容易引发猪的呼吸道疾病等等。而石门县农户对密改稀技术有着较为一致的高度认同，普遍认为该技术优于之前的密矮早技术：一是果园改造后光照充足，柑橘果型好，既漂亮又饱满，成熟比较快，果品质量高，进而市场售价高；二是改稀后果树植株减少了，但产量较之以前并没有明显下降，现在1棵树的产量抵得上之前2~3棵树的产量；三是改造后的果园更便于培管，机械进出果园和农民喷药、施肥、采果都很方便。

技术采用理论一般认为，农户对技术作用的认知会强烈影响其采纳行为。①农户对技术作用的认知指的是农户在其生产过程中或通过其他渠道获得的有关技术功效的感受和认识。如果农户认为某种技术作用大，就倾向于采用该技术；如果农户认为某种技术没有什么作用或作用相当有限，就倾向于拒绝采用该技术。López等人和Wang等人的研究都显示，知觉有用性与农户的新技术采纳意愿之间具有显著正向关系。②李后建对循环农业技术采纳行为的研究认为③，目前对于中国农民来说，循环农业技术属于新型的、尚未获得较大范围推广应用的技术，农民在做出采纳决策之前，会根据自身经验对循环农业技术进行初步判断，形成是否有用及作用多大的认知。农民越是认为采纳循环农业技术可以产生效益，其采纳意愿就越高。宾幕容、文孔亮、周发明研究发现，农户的畜禽养殖废弃物资源化利用技术采纳意愿受到感知有用性的显著影响。近年来，畜禽养殖废气物资源化利用技术在湖南地区得到大力推广，农户切实感受到养殖效益的增加、养殖环境的改善、生活环境的改观，采纳该技术的意愿提高。④

　　一些研究表明，知觉易用性是决定农户采纳循环农业技术的重要心理因素。知觉易用性是指潜在采纳者对采纳特定技术难易程度的感受。采用新技术需要潜在采纳者耗费相当的时间和精力进行学习，无论新技术是操作简便、容易学习的，还是操作复杂、不易上手的都是如此，潜在采纳者在接触到一项新技术时，都会根据自身条件、需求和价值取向对它进行易

---

①　唐博文，罗小锋，秦军. 农户采用不同属性技术的影响因素分析——基于9省（区）2110户农户的调查[J]. 中国农村经济，2010（6）：51.

②　李后建. 农户对循环农业技术采纳意愿的影响因素实证分析[J]. 中国农村观察，2012（2）：30.

③　李后建. 农户对循环农业技术采纳意愿的影响因素实证分析[J]. 中国农村观察，2012（2）：29.

④　宾幕容，文孔亮，周发明. 农户畜禽废弃物利用技术采纳意愿及其影响因素——基于湖南462个农户的调研[J]. 湖南农业大学学报（社会科学版），2017（8）：41-42.

用性的判断，这也影响到最终的采纳决策。[①]农户作为理性人，会权衡采用某一技术的边际收益期望值和边际成本，技术越易于学习和掌握，就意味着要付出的边际成本越小。农业技术推广的实际情况也表明，农户更愿意选择易于学习和掌握的技术。[②]Igbaria 等人和 Sorebo、Eikebrokk 的研究显示，在循环农业技术的采用上，当农户认为它易用时，采纳意愿就高，即知觉易用性对农业技术的采纳具有较强的正向影响。[③]知觉有用性是指潜在采纳者对使用特定技术带来生产效率提升的感受。宾幕容、文孔亮、周发明研究发现，感知易用性对农户的畜禽养殖废弃物资源化利用技术采纳意愿有正向显著影响。在湖南地区大力推广畜禽养殖废弃物资源化利用技术的环境下，农户对该技术的接触、理解、操作增多，从而增强了对该技术的易用性感知度，采纳意愿也随之提高。[④]

更为深入的研究认为，感知易用性与感知有用性都对农户技术采用意愿有正向显著影响，但在技术采用的不同阶段，二者的影响不同。在初始采用阶段，感知易用性与感知有用性对农户技术采用意愿的影响差别不大，而在后续采用阶段，感知有用性对农户技术采用意愿的影响要明显高于感知易用性。这是因为，农户在逐渐熟悉、掌握技术后，对感知易用性的关注大大降低，更加注重技术采用所能带来的实效，从而二者对农户技术采用意愿的影响有了变化。[⑤]薛彩霞、黄玉祥、韩文霆研究发现，采用效果预

① 李后建. 农户对循环农业技术采纳意愿的影响因素实证分析[J]. 中国农村观察，2012（2）：29.

② 王琛，吴敬学. 农户粮食种植技术选择意愿影响研究[J]. 华南农业大学学报（社会科学版），2016（1）：52.

③ 李后建. 农户对循环农业技术采纳意愿的影响因素实证分析[J]. 中国农村观察，2012（2）：29.

④ 宾幕容，文孔亮，周发明. 农户畜禽废弃物利用技术采纳意愿及其影响因素——基于湖南462个农户的调研[J]. 湖南农业大学学报（社会科学版），2017（8）：41-42.

⑤ 徐涛，赵敏娟，李二辉，乔丹. 技术认知、补贴政策对农户不同节水技术采用阶段的影响分析[J]. 资源科学，2018（4）：813-814.

期对农户是否采用节水灌溉技术有显著正向影响，而农户是否持续采用节水灌溉技术则取决于实际采用效果与预期采用效果的对比，只有实际采用效果不低于预期效果的情况下，农户才会继续采用下去。①

当前，我国农业科技发展虽有重大突破，但成果转化和推广应用水平仍然不高。造成这种状况的根源在于长期以来我国政府供给主导型的农业科技进步模式，这种模式让农业科技从立项研究到推广应用的整个过程带上了浓厚的计划经济色彩，导致了忽视需求而显得盲目的农业科技供给。②农业科技人员没有将研究工作与生产实际紧密结合，一些研究纯粹是闭门造车，产生的所谓研究成果毫无用处，把这样的技术介绍给农民，不仅无助于农业生产反而祸害了农民。③农业科研工作走的是"立项—研究—成果—再立项"的路径，而课题立项、成果评定主要是由政府部门、学术界把控，农民的技术需求对农业科研工作不发生直接影响，这就造成了严重脱离生产实际的"为科研而科研"的行为倾向。④一方面，在现行农业科研宏观管理体制下，纵向课题的立项和审批都由政府部门组织管理，这使得科研人员申报课题时，较少针对市场需求，更多考虑的是政府部门的偏好和专家意见，这导致一些对特定地区、领域具有较大现实价值的课题因不太吻合政府部门的课题指向而不能立项。农业科研立项上的制度性弊端，大大阻断了科研工作对由农业地域性决定的农业科技多样化需求做出良好回应。另一方面，农业科研项目的鉴定与验收并不看重技术成果的实用性和可行性，衡量科研人员业绩的主要指标也不包括技术成果的实际应用效

① 薛彩霞，黄玉祥，韩文霆. 政府补贴、采用效果对农户节水灌溉技术持续采用行为的影响研究[J]. 资源科学，2018（7）：1425.
② 杨永生，杨晶，王浩. 增加农民收入的一项重要措施——农户选择技术的供求分析与对策探讨[J]. 经济问题探索，2001（1）：49.
③ 杨丽. 农户技术选择行为研究综述[J]. 生产力研究，2010（2）：246.
④ 杨永生，杨晶，王浩. 增加农民收入的一项重要措施——农户选择技术的供求分析与对策探讨[J]. 经济问题探索，2001（1）：49.

果，这诱导科研人员"为研究而研究，为成果而成果"行为的出现，以致出现大量脱离经济社会需求的无效供给。

农业科技体制改革是走出上述困境的根本途径，我国农业科技进步模式应由农户需求主导型替代政府主导型，加速推进农业科技产业化进程，从而为农户提供更多先进且适用的农业技术。[①] 具体来说，可以从以下几个方面着手：第一，变革农业科研管理体制。要从传统的"立项—研究—成果—再立项"转变为"市场—立项—研究—成果—市场"的新型模式，科研机构除了完成纵向课题，还要积极承接企业等委托的横向课题，形成科研、开发、经营对接发展、充满活力的一体化格局。另外，对于国家、省部级纵向农业科技项目，要求项目公开招标、项目追踪监督、项目成果鉴定和费用开支公开，形成政府、市场和社会对项目的共同督促。第二，推动农业科研院所科研成果的产业化。政府应出台鼓励农业科研院所进入市场的系列配套政策，推动农业科研院所走产、学、研相结合的道路，用市场这只"看不见的手"来调节科研工作方向与科研产出的结构、质量和数量，实现科研活动与市场需求的对接。第三，完善教育、科研、推广"三位一体"协同体制。进一步明确教育、科研、推广三个部门各自的职责范围，设立上级机构实施对三者的统一管理和协调统筹，破解由于三者主管部门不同、各成体系而导致的各自为政、重复研究难题，增强彼此间的合作，发挥人、财、物的综合作用。第四，推进科研院所"国有民营"运作。可以组建一批科研院所与企业共同参股或互相持股的科技经济实体，也可以将一些规模小、社会经济效益差的科研院所租赁、承包给有经营能力的民营企业或个人，通过"国有民营"的体制变革，新型科技发展联合机制的建立，实现农业科技的进步。

---

① 杨永生，杨晶，王浩. 增加农民收入的一项重要措施——农户选择技术的供求分析与对策探讨[J]. 经济问题探索，2001（1）：50.

5.3.2 先进技术与适用技术

马家湾村农户一方面承认垫料养猪是一种较为先进的新技术，另一方面却又认为该技术有点水土不服。一是不太适应浏阳地区的夏季气候，二是垫料养猪采用的高栏环保猪舍、垫料降解猪粪便、发酵高温杀菌，与传统养猪采用的矮栏水泥猪舍、清水冲洗猪粪便、消毒防治疫病存在较大差异。垫料养猪与传统养猪的替代、交融，控温、防疫、喂食等各项技术的匹配、契合，都有着相当难度。而石门县在推广密改稀技术之前实行的是密矮早技术，密改稀技术与密矮早技术属于同一技术体系在不同条件下的变形，因此，这两种技术之间具有良好的交接性和替代性。黄炎忠等人研究了有机肥替代化肥的影响因素，发现之所以农户在采用有机肥上存在"高意愿、低行为"情况，是因为有机肥相较化肥还有诸多不足，还需进一步完善和研发：一是有机肥肥料体积大，施肥难度大，人工成本高；二是有机肥有效成分含量低，生产成本高；三是有机肥肥效慢。[1]节水灌溉技术的推广则有赖于配套技术和配套机械能否跟上。节水灌溉技术是节水技术以及与之配套的农药、化肥技术等多项技术的集成，其作用实现需要采取水肥药一体化技术推广措施，需要节水灌溉技术相配套的物质、设施同步且及时供给。[2]以膜下滴灌推广为例，农民最顾虑农膜处理问题，只有在推广节水技术的同时，推广配套的新型地膜和除膜机，能够除膜彻底，减轻劳动，降低除膜成本，膜下滴灌才能真正推广开来。[3]

目前，我国科研人员的工作与农民的生产缺少交集，基本分属两个

---

① 黄炎忠，罗小锋，刘迪，余威震，唐林. 农户有机肥替代化肥技术采纳的影响因素——对高意愿低行为的现象解释[J]. 长江流域资源与环境，2019（3）：639.

② 薛彩霞，黄玉祥，韩文霆. 政府补贴、采用效果对农户节水灌溉技术持续采用行为的影响研究[J]. 资源科学，2018（7）：1426.

③ 吕杰，金雪，韩晓燕. 农户采纳节水灌溉的经济及技术评价研究——以通辽市玉米生产为例[J]. 干旱区资源与环境，2016（10）：156.

不同的环境，二者具有完全不同的价值观念、逻辑体系和实践习惯，科研人员研究的"技术"与农民用于生产的"技术"的含义和意义是不一样的。这种差别、隔绝在严重阻碍科研院所科技成果向农业生产的转移的同时，也造成了出自农民生产实践的技术创新往往得不到科研人员的肯定和重视。① 之所以科研人员对农民的技术创新不感兴趣，原因之一是二者的活动有着不一样的追求目标。发现一般规律和寻找由数据、资料证实的最优问题解决方案是科研人员的工作追求，科研人员不太关注也不太了解农民使用技术所面对的经济、社会、文化等的条件和束缚。农民的生产追求则是效用或利润的最大化，在生产实际中农民选择的往往不是科研人员提供的最优方案，而是更能实现自己目标的次优方案。科研人员与农民目标追求的分歧以及合作的缺失，导致失去许多做出科学发现和技术创新的可能。科学研究追求普遍适用及简化明确的倾向，促使研究人员研究的是解决生产问题的通用方法，而现实生产需要考虑所处地区的具体自然、经济社会等因素，促使农民发展和使用适合于特定环境的农业技术，从而某一农业技术方案的优与劣也因时间和空间的不同而有了不同的评价。由此可得，农业科技的进步有赖于科研人员与农民的双向互动。科学知识的创造过程需要吸收农民参与，这样有助于研究人员辨识不同地域生产环境、条件存在的差异性，扩大理论解释的范围，明确理论应用于不同情况的具体条件。科研院所研究出来的科学知识与农民实践出来的生产技术具有互补性，要建立和完善将地方传统知识纳入普遍现代科学的体制和机制。② 对于贫困落后地区而言，研发、推广适合当地的、能够提高产量并增长收益的农业新技术，显得尤为重要。要看到在这些地区，农民长期积累形成了丰富的种植技术和知识，承认并吸收这些传统技术和知识有助于推动当前农

① 李季. 城郊农民技术接受实证研究[J]. 农业技术经济，1993（3）：40.
② 褚保金，张兵，颜军. 试论可持续农业的技术选择[J]. 农业技术经济，2000（3）：20.

业的发展，现实情况是农业科研机构与当地农民之间缺少应有的联系。因此，农业科研机构、地方政府部门的领导较为重要和迫切的一个任务就是需要制定发展战略、构建运行机制，一方面鼓励科研人员下到田间地头去搜寻、提取当地的传统技术和知识，另一方面激发农民生产活动的创造性，让农民参与到推动技术进步的研究活动中来，这样更有利于先进、适用农业技术的研发和推广，从而促进可持续农业的发展。

先进技术指的是当代对生产发展起主导作用的技术。先进技术和落后技术是相对而言的概念，技术总是处于不断发展之中，并不存在永恒的、绝对先进的技术，在不同情形下，先进技术和落后技术可以发生转化。例如：与手工捕捉害虫相比，采用化学农药治虫效率高，称得上是先进技术；但从环境保护角度来看，与利用天敌、生物治虫相比，化学治虫会造成环境污染，又可以称为落后技术；而生物治虫相较于利用生物遗传工程培养出的抗逆性新品种，就又变成落后技术。

先进技术与适用技术既有联系又有区别，不能简单地把先进技术等同于适用技术，先进技术可能适用于当时当地，也可能不适用于当时当地。[①]先进技术是否成为适用技术，取决于当地的自然、经济、社会、文化等状况以及该技术使用者的目的、资源禀赋等。也就是说，一种先进技术并不是在任何时间、任何地方、任何条件下都能适用，这一点在农业生产中尤其表现得明显。伯顿·E.斯旺森认为，不同社会基于地理、土壤、气候、人口密度以及其他因素的不同，在吸收、利用农业技术的能力方面存在差异，农户的技术选择行为必然受到影响。[②]大多数作物的种植技术或多或少都具有地域特定性，因而常常可见，能很好应用于某一地区的农业品种、技术和农业系统，却不能在相邻的地区得到推广，只因为两个地区在降雨、

---

① 竹德操. 发展农业要采用适用技术[J]. 农业经济问题，1983（1）：32.
② 杨丽. 农户技术选择行为研究综述[J]. 生产力研究，2010（2）：246.

土壤类型和坡度等方面有很大差异。①

一种先进技术要成为当地的适用技术，得到广泛推广应用，必须具备三个条件：一是必须能够产生良好的经济效益。在实际生产中，技术的首要价值就是能够产生较大的经济效益，虽然先进却不经济的技术只能被束之高阁。"进入博物馆或成为化石的技术不见得不好，只是因为用起来成本太高。"② 技术越先进，其应用成本往往越高昂，距离实际生产应用就越远，这给高新技术的大规模推广造成了很大的经济障碍，所以农民通常采用的并不是最优技术而是次优技术。二是必须和当地的自然条件、生产方式相适应。任何一种农业技术，无论先进与否，想要在某一区域得到推广应用，都必须与当地的土地资源、水资源、劳动力素质、耕作方式、生产规模、经营制度等相适应。一些地方修建的农田水利设施，不仅没有起到促进生产的效果，反而造成了水害，就是不适应当地自然环境、生产要素的结果。例如：喷灌、滴灌不仅可以节约用水，而且能够更好满足植物生长对水分的需要，但它要求在地下埋塑料管排水，降低地下水位，而这需要一定资金和自然环境的支撑。以家庭为单位的小规模生产，农户需要小型农业机械来耕作小片土地，对于他们来说适用技术是"小"字号的机械设备，而在国有农场，需要大马力、高效率的机器来耕作广袤成片的土地，对于他们来说适用技术则是大型的、自动化程度高的农业机械。三是必须对应农民的资源禀赋结构。技术诱导理论认为，农民选择某一新技术的决策主要是根据自身资源禀赋的状况做出的。比如：如果劳动力短缺、土地充裕，农户就倾向于采纳能够在节约劳动力的同时提高产量的新技术；如果劳动力充足、土地稀缺，农户就倾向于采纳能够提高土地生产率的新技术；如果资金缺乏，再好的新技术也不会在农户的考虑范围之内。

————————————

① 杨丽. 农户技术选择行为研究综述[J]. 生产力研究，2010（2）：246.

② Ziman J. Technological Innovation as an Evolutionary Process[M]. Cambridge University Press, 2000（3）.

农业技术研究、推广工作可以从中得到以下启示：一是政府有关部门在制订农业发展规划、推动农业技术变革、促进农业现代化时，必须重视发展那些适合本地自然条件、生产力水平和农户资源禀赋的新技术，而不是片面追求技术的先进程度，这样才能一步步实现农民更富、农业更强。超前推广脱离生产实际的先进技术，不仅起不到加快农业现代化进程的作用，反而会"欲速则不达"，浪费国家支出，增加农民负担，损害农业生产经营。谈存峰、张莉、田万慧的研究发现，四项技术特征对农户采纳农田循环农业技术的重要程度依次为"是否符合当地农业自然条件""再利用和环保""可持续性""代表未来农业发展趋势"。可见，农户对待农业新技术表现出较强的实用主义和规避风险倾向，农户在技术采纳决策时首要关注的是在当地是否可行，而不是是否先进、环保。[①] 薛彩霞、黄玉祥、韩文霆分析了调查地成功推广节水灌溉技术的主要原因，是政府通过招标采购等方式选择了与当地种植作物、地形条件相适应的设备，并对农户进行了技术培训和指导；[②] 二是农业科研机构及其人员注重以农户需求为导向开展各种新技术的研究、试验工作，并仔细考虑了技术的先进性和适用性，使得新技术符合推广地区的自然、生产条件，为农民带来可见的满意的经济效益。只有这样，农业技术研究工作才有现实价值，才接地气，才能受到农民的欢迎。否则，空有好的技术效果，却无法实现技术成果的产业转化，只能作为申请专利的"样品"和供人参观的"展品"，这是科研投入变相的损失和浪费。当前，农业科技进步促生了众多绿色技术，而这些技术功效的发挥有赖于农户的采纳应用。我国农业生产仍以小农户为主要单位，绿色技术研发过于追求高精尖，农户的资源禀赋难以支持其应用，最终将无

---

① 谈存峰，张莉，田万慧. 农田循环生产技术农户采纳意愿影响因素分析——西北内陆河灌区样本农户数据[J]. 干旱区资源与环境，2017（8）：34.

② 薛彩霞，黄玉祥，韩文霆. 政府补贴、采用效果对农户节水灌溉技术持续采用行为的影响研究[J]. 资源科学，2018（7）：1425.

法付诸实际生产。所以，绿色技术创新应考虑实用性和易用性，注意现代绿色生产技术与传统绿色生产经验的衔接，才能获得农户的认同和采纳。[①]

5.3.3 技术示范

石门县作为柑橘主产区，政府部门、科研人员、农技人员、企业等都会来这里传播柑橘技术，各式各样的技术满天飞，甚至出现截然相反的技术并存的现象。到农村去讲课、做培训的技术专家，对于生产技术路线的见解、主张不尽相同，橘农基于自身积累的种植经验，也各有一套成熟的、应用多年的技术组合。到底哪种技术好？公说公有理，婆说婆有理，最终还是实际效果说了算。密改稀技术好不好？橘农看重的是实际效果。因此，举办示范园是推广密改稀技术的重要形式。Rogers 研究认为，影响新技术潜在采纳者感知的一个重要因素是生产结果展示，潜在采纳者越能观察到新技术带来的生产改善效果，就越有可能选择和采纳该技术。[②] 与刚引进不久的新品种相比，农民更容易接受那些已经被大多数人所了解的新技术。对新技术的了解情况影响到潜在接受者的决策信心，而农民主要是从技术推广机构那里获取新技术信息的，信息量的大小跟他们与技术推广机构的联系密度以及参加技术示范、演习等活动的多少紧密相关。

技术示范是克服农民回避生产经营风险本能，推广、普及新技术的有效途径。李艳华、奉公的调查表明，看到别人用得好是农户决定采用一项新技术的关键因素，50.9% 的农户都是因为这一原因决定采用新技术的。以家庭为基本生产经营单位的农民普遍惧怕风险，相信百闻不如一见，农业生产实践中的各种典型示范能够降低农户承担的风险，从而吸引农户采

---

① 余威震，罗小锋，李容容，薛龙飞，黄磊. 绿色认知视角下农户绿色技术采纳意愿与行为背离研究[J]. 资源科学，2017（8）：1580.

② 李后建. 农户对循环农业技术采纳意愿的影响因素实证分析[J]. 中国农村观察，2012（2）：29.

纳新技术。[①] 李后建认为，对于循环农业技术的推广，国家就不仅要考虑农民是否具有采纳该技术的足够资源和知识，还要考虑技术推广机构是否具备对潜在采纳该技术开展必要培训和指导的人财物条件。如果技术推广人员能让农户见到循环农业技术的生产成果，观察专家亲身示范的循环农业技术的使用方法、步骤和过程，技术将更容易、迅速地推广开来。在此过程中，一方面农民可以充分感受到循环农业技术的相对优势，提高采纳循环农业技术的意愿；另一方面农民能够对循环农业技术有更全面、更深入的了解，增加对循环农业技术易用性和有效性的知觉。[②]

受到文化水平低、人际交往范围小、技术观念传统的影响，我国农民普遍接受新鲜事物较慢。对于采纳新技术，农民大多表现出畏惧、求稳和从众，存在经验型排他心理、短视型实惠心理、谨慎型从众心理、迟钝型麻木心理等一些阻碍接受新技术的心理。正因如此，农民的新技术采纳行为主要表现为一种对先行成功者的模仿行为，在看到亲友、邻居、示范户采用新技术的结果，对该技术的效果有所把握后，才会接受并在自家的生产中应用此技术。[③] 蒙秀锋、饶静、叶敬忠认为，较早采用新技术的进步农户对周围农户的技术采用起到很好的宣传教育、示范样板作用。[④] 他们的调查结果显示，在见到别人家成功试种新品种的情况下，愿意种植该品种的农户达到74.8%，18.3%的农户表示"再看一年再定"，只有6.9%的少数农户因为某些特殊原因而不愿跟进。可见，早期试种新品种的农户能否成

---

① 李艳华，奉公. 我国农业技术需求与采用现状：基于农户调研的分析[J]. 农业经济，2010（11）：84.

② 李后建. 农户对循环农业技术采纳意愿的影响因素实证分析[J]. 中国农村观察，2012（2）：29.

③ 邵腾伟，吕秀梅. 基于转变农业发展方式的基层农业技术推广路径选择[J]. 系统工程理论与实践，2013（4）：943.

④ 蒙秀锋，饶静，叶敬忠. 农户选择农作物新品种的决策因素研究[J]. 农业技术经济，2005（1）：23.

功，对于一个新品种在当地能否推广开来关系重大。较早种植新品种成功的农民，非常乐意展示种植成果和分享种植经验，以显示自己的先进性和权威性，获得心理上的满足，这种新技术采纳的带头人发挥出很好的宣传示范作用，促使经他们试种成功的新品种能够迅速被广大农民所接受。在新品种采用决策过程中，农户会特别留意与自家资源禀赋相似的农户的种植效果，因此，新品种试种示范户最好挑选当地有较广代表性的农户，并且在试种过程中给予示范户足够的技术支持，确保取得良好的试种效果。农业技术推广部门必须变革传统的技术推广方式方法，加强与农民的交流、沟通，增进相互间的理解与信任，通过一定规模、能真正起到示范作用的新技术生产示范，促进农民转变技术选择，更快采用先进的技术。

从农民生产行为的形成过程来看，农民的生产认知来自长期的生产实践活动，他们不断增长的生产认知主要是观察学习和亲历学习所获得的经验。农民的认知结构由显性知识和隐性知识两部分组成，其中隐性知识是农民认知结构中的主要部分，同时也是对农民的生产行为起主要指导作用的部分。[①]农民主要不是依据书籍中、光盘里、农技推广人员的培训讲座中的显性知识来做生产的决策，而是凭借其积累的隐性知识，即传统的生产习惯、个体的生产经验以及相互间的交流、传授，来进行生产活动的。目前，显性知识是农业技术传播的主要内容，但对农民的技术采纳认知、行为影响有限。科研人员、技术推广人员及政府工作人员等农业技术传播者，受其知识背景、工作方式、时间精力、实践经验等限制，擅长并习惯于进行课堂培训、发放书面资料这类活动，传授的显性知识与农民的生产实践存在一定距离，从而对农民的生产认知、行为所起作用不大。他们还不能更多地去到田间地头与农民展开全面、深入的交流、合作，增进农民的隐

---

① 旷宗仁，左停. 乡村科技传播中农民认知行为的发展规律研究[J]. 中国人力资源开发，2009（2）：28.

性知识，帮助农民在实际生产操作中弄懂、学会先进的农业科学知识和技术，切实解决好生产中出现的问题。隐性知识社会化是农民知识传播的关键环节，但这一过程较少获得农技研究、推广人员的参与和支持，长久以来都处于一种农民之间自发交流、学习的状态。乡村技术精英、生产大户作为当地隐性知识传播的关键人物，也远没有发挥出应有的作用，因而当地政府部门需要思考并采取合适的途径和方法来强化他们在当地农业技术传播中的地位与作用。

农民认知建构的情境主要是两个：一个是农民日常生产、生活的情境，一个是农技推广者提供给农民的培训、学习的特定情境。[①] 在第一种情境中，农民可以积累经验、创新技术，并且可以相互交流和学习，由此形成、更新自己的认知结构。但实际情况是，农民并没有在日常生产、生活中进行多少研究、探索活动，反而在轻易满足、不思改进、等靠要等心理作用下，习惯于传统的农业技术和生产方式，阻碍了认知内容的更新换代。在第二种情境中，有专家课堂上的培训、讲授，有技术人员田间的指导、答疑，有示范园、示范户的长期生产展示，在条件较好的地方甚至有组织农民到生产技术水平高的其他地区参观学习，这为农民的学习提升和认识建构营造了一种良好环境。然而在实际的农业技术推广过程中，由于相关投入有限、工作力度不足，除少数乡村精英从中受益良多外，多数普通农民受益不多，没有充分参加到各种技术传播活动中去，缺少与科研院所研究人员、政府部门技术推广人员的交流与合作，他们仍然主要通过在生产、生活实践中缓慢积累经验的途径来建构自己的认知。"会话"是学习过程中各方交流信息、沟通经验和共享认知成果的主要方式。在农业技术传播方面，发生在农民个体之间的会话不多也不够深入，即便存在一定会话，更

---

① 旷宗仁，左停. 乡村科技传播中农民认知行为的发展规律研究[J]. 中国人力资源开发，2009（2）：28–29.

多涉及的也是表层的日常生活及显性知识,很难开展深层的有关农业技术创新的隐性知识的交流,因而对农民相互间的技术传播少有助益。农业技术推广人员与示范户、大户有较多会话,但一般没有过多的时间、精力和经费等与更大范围的农民展开会话,加上普通农民由于各种原因大多缺少与农业技术推广人员联系、交流的意愿,导致农业技术推广人员与农民普遍缺少会话,更别说全面、深入的探讨。这种状况严重偏离了农业技术推广的预期目标和规划设计。

近些年来,体验传播走进人们的视野。体验传播指的是让顾客在实践、亲身经历的过程中认识周围的事物,基于提高顾客满意度和忠诚度的价值追求,它重视商家与顾客的互动,以此更好地接触顾客及获得顾客的信息反馈,进而建立与客户的和谐关系,打造良好的口碑。[①]邵腾伟、吕秀梅认为,随着社会发展,网络化互动参与式的体验传播将比传统自上而下的官僚化的组织传播更具优势,农业技术推广也要适应形势,变革单向线性的组织传播为网络化互动式的体验传播。[②]具体来说,需要实现三大转变:第一,农业技术推广的对象应以科技示范户和生产大户为主,重点对他们进行技术培训和指导,进而发挥他们在技术传播上的辐射带动作用,吸引更多农民采纳新技术,而不是原来那样面向千家万户开展工作,力量分散,效果平均。第二,农业技术推广的内容应囊括"产前—产中—产后""生产—加工—流通"各个环节,适应农业发展方式转变的需要,全面服务于农业增效和农民增收,而不是原来那样只是单纯推广产前农资。第三,农业技术推广的服务方式应拓展为搞承包示范、办样板工程、扶持农业科技创业和反馈农民技术需求等,而不是原来那样只是印发技术资料、开展经

---

① Bernd H. S. Experiential Marketing: How to Get Custmers 'o Sense, Feel, Think, Act and Relate to Your Company and Brands[M]. New York: The Free Press, 1999: 146-183.

② 邵腾伟,吕秀梅. 基于转变农业发展方式的基层农业技术推广路径选择[J]. 系统工程理论与实践,2013(4):947.

营服务。

就传播效果而言，体验传播明显优于组织传播，但并不意味着体验传播就十全十美，组织传播就一无是处。有研究指出，"顾客是缺乏远见的"，坚持顾客导向的技术推广虽然能够与顾客建立"休戚与共"的密切合作关系，但一定程度上会干扰原创性技术创新[1]，造成所谓的"创新者窘境"[2]。在体验传播中，农业技术推广机构及人员特别重视农民对技术的评价和建议，以农民需求为导向。但是农民基于对技术更新换代成本提高等问题的顾虑，同时受自身知识结构、信息接收能力等条件的限制，往往只会提出局部改进现有技术的建议，而不会要求技术的根本创新。受此诱导，农业科技人员会将时间精力花在修补、包装现有技术以迎合广大农民的需要，而非开展全新技术的研发。因此，农业技术推广需要合理处理农民技术需求与农业技术创新的关系，配合采取"需求决定供给"的体验传播与"供给创造需求"的组织传播，而不是采取单一的体验传播或组织传播，以实现农业技术推广的最佳效果。

---

[1] Sehumpeter J. A. The Theory of Economic Development[M]. Bostion: Harvard University Press, 1934: 113–130.

[2] Christensen C. M., Bower J. L. Customer power, strategic investment, and the failure of leading firms[J]. Strategic Management Journal, 1996（3）: 197–218.

6 补助服务与农户技术采纳行为

对于农业技术推广来说，新技术本身能产生多大的经济效益是需要考虑的，而新技术可能带来的长远的和宏观的经济与社会综合效益是更需要考虑的。农业技术在应用初期，往往不会立竿见影地产生经济效益，或经济效益不高甚至较低，而这会大大影响农户对新技术采用的决策，作为生产经营主体的农户普遍看重技术的经济效益，而且比较看重短期的经济效益。因此，政府出于追求农业技术所能带来的社会综合效益的需要，就很有必要对新技术的采纳行为进行补助。农业技术推广服务的广度和深度对农户的技术采纳意愿有很大影响。我国当前已经建立起一套性质和层次不同、目标和功能各异的专业化、产业化和网络化的多元农村科技服务体系，农业技术服务的组织形式、服务模式还在不断创新。但与农户的需求相比，现有农业技术服务的范围和水平仍然不足，坑农、伤农、害农的现象时有发生，需要进一步加强和完善相关工作。

6.1 垫料养猪技术

6.1.1 当地政府的推广投入

环保养猪能够产生长远的经济社会效益，但农户采用它毕竟会造成短期经济利益损失，所以当地政府在推广环保养猪时承诺给予农户相应补助，以提高农户的采用积极性。农户普遍认为，政府在推广垫料养猪上还需加大投入，并且要说话算数，不能忽悠老百姓。其实，只要政府能够补助到位，农户还是愿意发展环保养猪的，这确实比传统养猪更加科学。

村民组长陈某：要想把我们这里的养猪产业做大做强，推广环保养猪还是可以的。去年，我们这里刚启动了一批环保养猪，有些人反映还是可以的，有些人则说不行。政府在这方面还要多加强投入，要说话算数，补贴什么的要落实到位，让老百姓放心。

村书记熊某：只要补贴到位，我们这里应该还是可以搞环保养猪的。政府要投入才行。老猪圈改造了也可以利用，但猪没送出去之前，你要我改造这个旧猪场，猪就没地方关了，这就有难度了。

村民陈某：当时为什么想着要砌环保栏呢？是感觉政府的政策好，喂猪本身是有污染的，政府给补贴，还能减少污染，我们当然支持，栏就都砌了。当时政府是这么说的，只要你砌了环保猪栏，就补贴。2006 年，我本来建了一栋猪舍，后来响应政府号召，又另外建了一栋。结果，那年刚好碰上猪价跌，亏了三万多，就暂时没关猪。政府又说要关了猪才能补，到现在还没给我补上……

6.1.2 补助力度

虽然当地政府对于采用垫料养猪的农户进行了一定补助，但农户普遍认为补助力度不够，采用的成本过高。农户反映，对新建环保猪舍的补助只是按照放置垫料的猪栏内部面积计算，不是按照整个猪舍面积计算，而猪栏内部面积一般只占整个猪舍的 50%~60% 左右。相对新建环保猪舍的全部花费而言，农户只能得到每平方米 40 元的垫料池子补助，普遍感觉太少了。

村民组长熊某：原来说的补助是按猪场的建筑面积补，像我的大概有300个平方。后来，补助又不按建筑面积补了，改按垫料池子补，垫料只占到猪场面积的50%~60%，所以也补助不了多少。就我本人而言，并不是为了赚这个补助。现在行情不好，我就没进那么多猪。真要是进猪了，我也不会等这个补助。既然要发展零排放，确实要增加补助，毕竟农户都是要增加成本的。

6.1.3 补助落实

采用垫料养猪不仅有补助较少的问题，更有落实不到位的问题。有的农户只得到一半补助，有的甚至一点补助都没得到。本来当地政府承诺定期派人到新建环保猪舍现场来检查、丈量补助面积，核实后发放补助。可据一些农户反映，自家响应政府号召建好了环保猪舍，却没等到有人来检查、丈量，补助自然也就不了了之了，至于为什么没人来核实，政府并没有给农户一个明确的说法。当地政府还给农户补助了一次购买垫料的钱，却只有头两批报名参加垫料养猪的农户享受到了这项待遇，后面再参加的农户都没有。当地政府只在推广垫＝料养猪初期进行了短时间的扶持，很快，整个业务就交由垫料公司进行市场化经营了。

村民组长陈某：像这个改环保栏的话，政府还是做了一点事的，是浏阳市统战部在这里做的。推广了垫料，政府后来又补贴了，但落实得并不到位。像我这200个平方的猪栏，只补贴了40个平方。上面也没什么说法，就说还没有到位。补贴前，市里的畜牧局、环保局要来验收，量一下补贴一下，有些还没有量的就没有补贴下来。

村民余某：我当时想着要用，就花钱自己建了新猪舍。政府没给我补钱，只补了两批人，我是后面的，不知道是第三批还是第四批。

村民组长熊某：那个零排放即使技术过关了，政府和公司还要采取一些措施才好推广，就是要补助。因为它的成本高确实高，猪价一跌下来，养猪的成本又会增高，农户承担不起。早先养猪，假如有 7 块钱成本就有了，搞了这个零排放，垫料要四五十块钱一个平方，一个平方只能喂一头猪，一头猪就要增加 50 块钱的成本，这就增加了农民的负担。政府有补助，农民的积极性就会高些。如果政府没有足够的资金来补助，这个零排放就很难推广。去年，我们这里有人建了第一批环保猪栏，验收了 7 户，7户已经补助了，好像 26 块钱一个平方。验收完的，垫料钱政府就也补助了40 块钱一个平方。我是后面被发展的，到现在还没验收，还没补我钱，这猪场都是我出钱弄的。浏阳市政府是下了文的，通知到了户，但现在不但没补助，验收都没来验。这实际就降低了农民养猪搞零排放的积极性。本来说是 2008 年 10 月 30 号验收，我抢在 10 月 30 号前把环保猪场竣工了，可到现在还没验收，不验收就没补助。

6.2　柑橘密改稀技术

6.2.1　园艺场内部及相互之间的传经

园艺场大都具有种植柑橘的长久历史，园艺场技术人员在长期的生产实践中普遍积累了二三十年的培管经验。另外，县柑橘办每年还会对这些技术人员以及橘农开展几次相关技术培训，所以他们具备相当的科学技术底子，能够完成密改稀技术推广的大部分具体工作。各个园艺场之间也经常会有会议交流、参观学习的活动，密改稀完成较好的园艺场向其他园艺场传经送宝。园艺场采用密改稀技术，对周围的散户起到了极大的示范作用。通过园艺场，周边地区逐渐了解、接受了相关的技术和观念，密改稀技术得以逐步扩散。园艺场也有碰到自身解决不了的技术问题的时候，就会通过县柑橘办联系相关专家给予指导、解决。

秀坪园艺场书记李某：首先，今年我们准备搞一个柑橘体制的实施纲要，像一个计划一样。内容就是通过几年时间我们要达到一个什么样的目的。我们制定这么一个纲要，要发到每家每户，让橘农都知道该怎么做。这是一个纲领性的东西。其次，我们每年会在关键时刻以小报刊的形式，进行柑橘的技术指导。我们把小报刊发送到每家每户，基本上每个月、每个季度都有。针对病虫害防治和培管的关键时期，我们每个村都要开会，开群众会、开党员组长会，还要放广播，把技术要领、培管的一些细节要求给农户讲到位。

秀坪园艺场负责人：我们有技术需求的话，会邀请专家来讲课。我会亲自跑到市里和市里的专家服务中心，给他们出题目，请他们围绕这些题目讲课。出题目前，我在下面做了大量的调研，摸清了老百姓想听哪些方面的内容，然后将它们收集起来反映给专家。

柑橘办工作人员：今年，我们特别提出要在柑橘修剪方面下功夫。我们柑橘办下到村以后，基本上四天时间都在指导修剪。我们组织了一些有经验的技术人员，再加上柑橘办的工作人员进行指导。根据去年的销售情况来看，柑橘在质量上出了一点问题，主要就是在修剪方面还不行，所以今年在柑橘修剪方面做了大量的工作，明年的柑橘品质就可能要提高一个档次。因为今年柑橘修剪了，明年产量就高了，再就是对光合作用、搭枝等都起了促进作用。

6.2.2　县柑橘办、柑橘协会的组织

县柑橘办、柑橘协会每年都会开展三四次技术培训活动，请大专院校、科研院所的教授、专家来授课，请县柑橘办的技术专家来指导，就密改稀

技术的应用问题对下一级柑橘办、农技站、园艺场、合作社的技术人员和一些种植大户进行培训。县柑橘办还会向上反馈橘农的迫切技术需求，联系、邀请技术专家对基层出现的技术疑难问题进行解决。

柑橘协会会长欧阳明：柑橘种植具体是由柑橘协会来运作的。柑橘办是政府机构，柑橘协会是柑橘办领导下的协会，柑橘协会能操作就操作，不能操作的再由政府来操作。柑橘协会是非盈利性的，它可以争取一些项目，具有一定的权威性，可以代理一些政府的职能。政府说搞密改稀，如果密改稀后产量上不去怎么办？所以政府不好出面，这时就由柑橘协会出面进行推广。我们是民间组织，和老百姓是平级的，出发点是好的，虽然带有一定的指导性或政府行为。

秀坪园艺场书记李某：目前来讲，国家对一个品种没有进行大规模推广的时候，我们都不采用。一个果树品种先是通过几年的选优，再经过几年的定型，定型以后才能进行推广。刚刚选育的新品种马上就进行推广是不妥的，我们只能够给老百姓推广那些定型的技术，最大限度地减少老百姓有可能承担的风险。对一个技术、品种进行评估，再确定这个品种可用不可用、这个技术能不能大规模推行，这些工作属于县柑橘办的事情。我们基层没有那个时间，没有经济上的实力，没有技术上的实力，必须要县以及县级以上的部门来做。县里进行宏观指导，像有某个新技术要进行推广，县里就组织培训，每一年还会组织橘农到县里进行专门的培训，我们的技术人员每年都在县里做专门的培训，具体的推广工作是由我们自己来完成的。

柑橘办工作人员：作为柑橘办来讲，或者是农业的主导部门，主要是起引导作用，工作重点是宣传，还有就是引导市场选择。按照每一年的销售情况，有的品质卖得好一些，有的卖不出去。原来，老百姓是自然选择，政府在引导种植、销售这些方面还是做了一些工作，但也不能硬性规定。

政府所做的就是对于这个品质、技术在这段时期给予一定的帮助、一定的资助，给橘农提供苗子。提供苗子也不是全免费的，政府出大头，橘农出小头。过去，全部免费也是有的，但这样做的后果是，老百姓会认为这苗子反正是免费的，自己也没花钱，管理上就没那么用心，导致苗子成活率非常低，或是长得不好。后来，我们的做法是每一株苗子让老百姓出个两三毛钱，既然多少花了点钱，他们就会用心管，情况就会好一点。

6.2.3 研究机构的传播

农业科技的教学、科研和社会服务是农业大专院校、科研院所的三大职能，科研人员通过各种渠道，如开会交流、受邀讲课、下基层示范指导以及为政府制订柑橘发展规划等，传播密改稀的科学、技术和信息。

秀坪园艺场技术主管唐某：我们每年都要去开柑橘协作会，再就是邓教授每年都到我们这些地方来，就密改稀问题做指导。我们在推广密改稀方面做的工作主要是宣传，放一些光碟，请教授讲课。

6.2.4 推广机构与研究机构的互动

县柑橘办、柑橘协会、园艺场、合作社、农技站、研究机构和农户都是密改稀技术推广的利益相关者和参加者，他们之间联系、交流的顺畅与否决定了密改稀技术推广的成效，但实际情况是，各方的互动还相当欠缺。农业大专院校、科研院所的科研人员处于技术推广体系的上层，他们开展科研工作并转化科研成果，利用各种机会，像开会交流、受邀讲课、下基层示范指导和为政府制订产业发展规划等推动密改稀技术的应用。遗憾的是，多数的教授、专家与基层农业生产经营机构、农户并没有固定、长久的业务关系，对他们的指导也如蜻蜓点水，时间短、不固定，所起的作用自然微弱。实际上，处于技术推广体系下层的技术人员才是密改稀技术推广工作的主要完成者。然而，他们的实际种植经验虽然足够，科技水平却无法与教授、专家相比。他们科技水平的提升主要是靠生产实践、相互之间交流学习，再就是参加县柑橘办、柑橘协会组织的一些技术培训。在密改稀技术推广工作中，基层技术人员碰到什么技术难题、发现什么技术需求，不能直接便捷地联系教授、专家，大多只能向县柑橘办、柑橘协会反馈，再由他们帮助解决或向上反馈，而县柑橘办、柑橘协会与农业大专院校、科研院所也缺乏固定、长久的业务关系。

秀坪园艺场负责人：我觉得上层的研发机构和我们基层之间的连接好像不是很紧密，具体原因我不知道。他们研发出来的东西应该是送达基层，运用于生产。现在我的感觉就是，老百姓渴望的东西常常很难得到，相互间的联系好像不是很紧密。

柑橘协会负责人：我们协会也想跟湖南农大、农科院研究柑橘的专家联系联系，他们不是要搞科技成果转化嘛！现在这个科技成果转化有些脱节，甚至脱节得很严重。我本身也在农业局土肥站上班，也是感觉和上面的科研机构沟通不够。柑橘办跟他们有沟通，那些专家确实会到下面来转转，指导一下，但是没有基地，搞不了示范，转着转着就不了了之了。

苗木基地员工：我们的技术既有自己的经验，也有上面的传授。石门县有柑橘办，柑橘办每年都会有培训，乡里面也来宣传技术。我们自己的经验也会总结，现在懂柑橘技术的有成千上万家，上面传下来的技术跟我们下面搞的技术有时候不对套。

6.2.5 农技站的服务

农技站作为乡镇技术推广机构，却未能发挥出多大的技术推广作用。究其原因：首先是人手严重不足，而工作任务却很繁重，稻谷、棉花、柑橘等都要负责；其次是经费十分缺乏，就连机构的日常运转都显困难，更别说提供周到充分的服务了；再次是人才极度稀缺，现有工作人员的知识、技术和开拓创新意识都比较薄弱，在密改稀技术方面，园艺场、合作社的技术人员和一些大户的认识和水平远超他们。

秀坪园艺场负责人：原来还有镇级农技推广站，也有技术人员推广技术，但在柑橘培育方面还是不太行。我们干了好多年，而他们基本没干过，还要我们去给他们搞培训。主要是他们要做的事情太多，那个稻谷啊、棉花啊、柑橘啊，几乎是一把抓。而我们是专搞柑橘的，天天研究这个事，肯定比他们懂得多。现在，乡镇的农技推广站运行困难，一是人员太少；二是经费不足，三是知识层面达不到，需要一些既有理论知识又有实践，且能站在柑橘技术推广前沿的人才。农技站现在一般就两三个人，这些人是以前招工、招干进来的，有的仅是读了中专而已。

6.3 分析与建议

6.3.1 补助优惠

在马家湾村推广垫料养猪的主要制约因素之一是成本较高、不赚钱，要解决这一问题需要政府切实加强相关投入。考虑到垫料养猪成本较高，养猪业又是一个有较高风险的产业，所以当地政府在垫料养猪推广初期，承诺给予采用农户一定的补助，农户对此补助也看得很重。然而，在补助落实上出现了很多状况，农民对此颇多不满和意见。一些农民反映当地政府在环保养猪推广上投入不够，补助力度不大，还有补助不能落实兑现的情况，有点"说话不算话"。同时，垫料公司实行的垫料以旧换新的优惠措施也没能持续多久，现已终止。这些问题大大打击了农户采纳垫料养猪技术的积极性。在对农业环保技术的采用实行补助优惠上，政府部门可以借鉴当前一些发达国家所采取的价格支持的做法，比如为推动农户采用垫料养猪，当地政府可以给予垫料公司价格或其他形式的补贴，公司再以优惠的价格将垫料出售给农户。这样做，既不损害垫料公司的经营利益，农户又因垫料价格优惠而增强了垫料养猪的意愿，有利于农业环保技术的推广，达到了一举多赢的效果。一项在研究机构、政府部门眼中相当简单又相当有效的农业技术，对于农民而言可能无异于一种大变革，如果采用该技术带来的成本、风险都要由农户独自承担，农业技术推广之路必然荆棘密布。[1]

陶群山等人研究认为，政府扶持力度特别是政府补贴，是影响农户新技术采纳决策的重要因素。[2]政府补贴与农户采纳新技术的意愿呈强的正相关关系。政府补贴力度越大，农户采纳新技术的意愿则越强，农业技术推广的成效就越好；政府补贴力度越小甚至没有，农户采纳新技术的意愿则越弱，农业技术推广就越难开展。李卫等人对农户保护性耕作技术采用行为的研究发现，保护性耕作技术相较于传统耕作技术，采用成本和预期风险都增高，这阻碍了农户对保护性耕作技术的采用，而政府补贴不仅可以降低新技术的采用成本，而且可以部分消解新技术采用可能带来的"减产"风险，能够促进农户保护性耕作技术采用行为。[3]因而，地方政府在引进、

---

[1] 李季. 城郊农民技术接受实证研究[J]. 农业技术经济, 1993（3）: 39.

[2] 陶群山，胡浩，王其巨. 环境约束条件下农户对农业新技术采纳意愿的影响因素分析[J]. 统计与决策, 2013（1）: 110.

[3] 李卫，薛彩霞，姚顺波，朱瑞祥. 农户保护性耕作技术采用行为及其影响因素：基于黄土高原476户农户的分析[J]. 中国农村经济, 2017（1）: 55.

推广具有一定经济效益和环境效益的农业新品种、新技术时，十分有必要给予农户一定的补贴、奖励或是政策优惠、技术帮扶，以此激发农户采纳新品质、新技术的积极性和稳定性，促进农业科技成果的产业应用，从而使农村生产力水平得以提高，农民生活日渐富裕。

农业技术推广是为了农业增效、农民增收，为达成此目标，政府有必要采取相应举措来降低新技术的采纳门槛和使用风险[①]，尤其对于采用成本较高的新技术推广，更加需要给予采用农户足够的经济支持和相应的风险保障。在新技术推广初期，政府补贴对于农户的采用决策起到非常重要的促进作用，当然更重要的是政府补贴能够落到实处，用于真正需要补贴的农户和技术部分。如果推广初期农业技术补贴使用得当，就能够促使那些对新技术有强烈需求的有胆有识的农民率先尝试新技术。这部分乡村精英的先行应用会对本地其他农民起到积极的示范作用，以其影响力带动越来越多的农民接受和采用新技术，从而打开农业技术推广的局面。[②] 为保证各项技术推广补贴用到实处，真正助推农业现代化进程，相关政府部门必须加强组织管理，针对不同类型技术，响应农户具体呼声，采取符合不同地区、不同人群特征的政策、举措来激励技术采用行为。[③] 对于那些长期效益明显但短期效益微弱甚至导致减产减收的农业技术，政府有必要采取措施补偿农户采纳新技术的短期收益，保障农户在应用新技术的整个周期内获得较为平稳的收益。对于那些采用成本较高的农业技术，政府有必要通过各种形式的补贴使经济状况差的农户也进入到技术采用队伍中来，由此增产增收，以后逐渐具备采用新技术的经济实力，形成良性循环。

---

① 孔祥智，方松海，庞晓鹏，马九杰. 西部地区农户禀赋对农业技术采纳的影响分析[J]. 经济研究，2004（12）：95.

② 高雷. 农户采纳行为影响内外部因素分析——基于新疆石河子地区膜下滴灌节水技术采纳研究[J]. 农村经济，2010（5）：86.

③ 秦军. 影响农户选择农药使用技术的因素分析[J]. 河南农业科学，2011（4）：9.

韩青、谭向勇的研究表明，政府扶持是决定农户采用先进灌溉技术的关键因素。[①]喷灌、微灌技术的节水效果显著，但农户变传统灌溉为喷灌、微灌的技术改造成本高昂，在当前农产品价格较低的情况下，采用喷灌、微灌技术增加的生产成本高于其所能带来的收益增长，尤其对于以粮食种植为主的农户更是如此，所以政府对此提供适当的扶持是必要的。如果由农户承担全部采用先进灌溉技术的费用，政府没有任何扶持，农户必将缺乏足够的内在动力采用这种技术。政府的扶持可以降低农户进行灌溉技术改造的成本，让农户获得采用先进节水灌溉技术所增长的收益，这对农户的技术采纳行为形成了激励。韩青的研究发现，面对传统灌溉技术和现代灌溉技术，农户在计算了农业生产的投入和产出之后，有很大可能仍然会选择传统灌溉技术，而不是节水效果更佳的现代灌溉技术。[②]李俊利、张俊飚[③]对农户采用节水灌溉技术意愿的调查证实了政府给予资金补贴的重要性。在回答"您认为节水灌溉技术还应该做哪些方面的改进才能扩大农户的采纳率"的问题时，农户较多提及了"政府加大补助""提供设备""优化配套""做好基建"等，"政府加大补助"是农户提得最多的，而"技术指导和示范"退为次要的考虑。可见，农户在决策是否采用一项新技术时，会首先理性地权衡其经济效益如何。政府的资金补贴可以减少农户采用节水灌溉技术的投入，从而提高农业生产的收益，这对农户的技术采用行为产生较大的激励。刘国勇、陈彤认为，政府的扶持对于任何一项新技术的推广都至关重要，节水灌溉技术的推广更是如此，因为它的推广需要投入大量资金建设配套设施，农民自己是难以承受的，尤其是经济落后地区，

---

① 韩青，谭向勇. 农户灌溉技术选择的影响因素分析[J]. 中国农村经济，2004（1）：68.

② 韩青. 农户灌溉技术选择的激励机制——一种博弈视角的分析[J]. 农业技术经济，2005（6）：22.

③ 李俊利，张俊飚. 农户采用节水灌溉技术的影响因素分析——来自河南省的实证调查[J]. 中国科技论坛，2011（8）：144.

农民的收入水平还比较低，对农业生产的投资又存在一定的风险，这就需要国家和地方政府给予农民资金上的大力扶持。[①] 实证分析的结果表明，当农民认为节水灌溉没有风险时，他们才主动愿意选择该技术。政府可以采取各种形式的措施来调动农户采用节水灌溉技术的积极性，如承担相应基础设施建设的投资，对采用农户给予奖励、补贴、信贷优惠等。刘红梅、王克强、黄智俊将政府的资金扶持分类为两大方面：一类是给予节水灌溉技术供给方的扶持，包括对节水灌溉基础设施建设的财政补助、对节水灌溉设备制造企业的财政支持和对节水灌溉技术研发机构（节水灌溉技术创新的企业、科研机构和高等院校等）的项目资助；一类是给予节水灌溉技术需求方的扶持，包括对采用农户给予的奖励、补贴、信贷优惠。[②] 现代灌溉技术的推广还有赖于当地农户之间的合作，而农户之间的合作意愿是建立在一定的制度框架基础之上的。农户的灌溉技术选择行为具有不确定性，水资源管理规则的制定和节水激励制度的建立会大大促进农户采用节水灌溉技术的倾向，形成农户之间的互促与合作，从而营造出一种采用节水灌溉技术的大环境，防止农户在现代灌溉技术供给过程中的"搭便车"的行为。薛彩霞、黄玉祥、韩文霆研究认为，无论政府采取何种补贴形式，基础设施补贴、设备补贴还是资金补贴，都会有效激励农户采用节水灌溉技术，这是因为农户技术采用决策受到个人风险偏好较大影响，农户大多数属于风险规避型，而政府补贴可以有效减少农户采用节水灌溉技术的收益风险。[③]

朱萌等人研究发现，国家粮食补贴可以引发稻农采用新技术的连锁反

---

① 刘国勇，陈彤. 干旱区农户灌溉行为选择的影响因素分析——基于新疆焉耆盆地的实证研究[J]. 农村经济，2010（9）：468.

② 刘红梅，王克强，黄智俊. 影响中国农户采用节水灌溉技术行为的因素分析[J]. 中国农村经济，2008（4）：52.

③ 薛彩霞，黄玉祥，韩文霆. 政府补贴、采用效果对农户节水灌溉技术持续采用行为的影响研究[J]. 资源科学，2018（7）：1424.

应。粮食补贴降低了生产成本，增加了稻农收入，使得稻农有资金购买水稻新品种；水稻产量越高，稻农能够获得的粮食补贴越多，他们就越需要采用新病虫害防治技术保障生产成果；为了增加水稻产量，获得更多粮食补贴，稻农就会扩大种植规模，因而对劳动力的需求加大，在劳动力成本不断上涨的形势下，稻农为了节约劳动力成本，就会倾向于采用机械化生产技术。[①] 齐振宏等人的实地调查结果显示，73%的农户对国家粮食补贴政策"满意"或"比较满意"，但普遍反映粮食补贴政策在本地落实、执行得不太理想，对粮食补贴发放的及时性、透明性及具体数额等方面存在诸多不满。[②] 国家发放粮食补贴有两方面的积极作用：一方面，可以增强农户对国家支农、惠农政策的信心，稳固农户的种粮积极性，促使农户持续、加大对农业生产的投入；另一方面，可以间接降低农户的水稻种植成本，从而提高农户的水稻种植经济效益。[③] 为了充分发挥粮食补贴政策的积极作用，在实际执行政策过程中，还需做好以下工作：一是当地政府务求及时、准确地向农户宣传粮食补贴政策，同时保证粮食补贴能够足额发放，让粮食补贴政策成为真正惠民的好政策；二是地方政府还需从本地农业、农村、农民的实际情况出发，形成能够充分发挥粮食补贴政策积极作用的具体措施，如把粮食补贴与粮食产量、质量以及种粮面积挂钩的措施，能够很好地激励农户种粮、多种粮、种好粮。

罗小锋、秦军研究发现，政府补助对农户采用无公害生产技术有着显

---

① 朱萌，齐振宏，罗丽娜，唐素云，邬兰娅，李欣蕊. 基于Probit-ISM模型的稻农农业技术采用影响因素分析——以湖北省320户稻农为例[J]. 数理统计与管理，2016（1）：20-21.

② 齐振宏，梁凡丽，周慧，冯良宣. 农户水稻新品种选择影响因素的实证分析——基于湖北省的调查数据[J]. 中国农业大学学报，2002（2）：169.

③ 鲁新礼，刘文升，周彬. 农业补贴政策对农户行为和农村发展的影响分析[J]. 特区经济，2005（8）：160-161.

著的正向影响。① 无公害生产技术能够显著增加农业产量和保护生态环境，但采用成本较高，如果采用成本完全由农户承担，将大大降低农户采用无公害生产技术的意愿，因而近年来我国越来越多的地方开始实行无公害生产补贴，这一措施的实行也确实极大地提高了农户采用无公害生产技术的积极性。刘万利、齐永家、吴秀敏的研究结果显示，政府的支持对养猪户使用安全兽药有很大的促进作用，无论政府给予养猪户技术上的支持还是资金上的支持，都能助长农户使用安全兽药的行为，并且政府的支持力度越大，养猪户使用安全兽药的意愿就越强。② 崔奇峰、王翠翠的研究发现，在影响农户使用沼气的外部因素中，政府是否提供补贴和技术支持相当程度上决定了农户是否使用沼气。③ 使用沼气能够避免农村因大量直接燃烧秸秆、薪柴等产生的污染，政府为了尽快尽广地推广沼气技术，在农户沼气池建设初期，都会提供一定比例、数额的财政补贴，同时还会通过设立技术服务站等举措对农户开展沼气使用的培训、指导。事实证明，政府的资金和技术支持效果明显，大部分农户都是因此才决定使用沼气的。杨建州等人研究发现，农户采纳节能减排技术，主要是受政府补贴以及政府部门的指导培训和服务的影响，因而为了更好地在农村推广和普及节能减排技术，政府需要从资金、技术上加强对农户选择节能减排技术的支持。④

农业本身是一个高风险产业，这点在传统农业向现代农业的转变过程中表现得更为突出，而农户承受技术转型风险的能力十分有限，只有建立

---

① 罗小锋，秦军. 农户对新品种和无公害生产技术的采用及其影响因素比较[J]. 统计研究，2010（8）：94.

② 刘万利，齐永家，吴秀敏. 养猪农户采用安全兽药行为的意愿分析——以四川为例[J]. 农业技术经济，2007（1）：86.

③ 崔奇峰，王翠翠. 农户对可再生能源沼气选择的影响因素——以江苏省农村家庭户用沼气为例[J]. 中国农学通报，2009（10）：276.

④ 杨建州，高敏晖，张平海等. 农业农村节能减排技术选择影响因素的实证分析[J]. 中国农学通报，2009（23）：411.

各种以政府为主导的新技术采纳风险防范措施，帮助农户抵抗风险，他们才会放心、积极地采纳农业新技术，客观上农业科技进步的速度才会加快。[①]一是应当建立完善自然灾害和重大动植物病虫害的预测、预警应急体系，提升农业防灾减灾能力，减轻由此给农户造成的损失；二是应当建立健全由国家财政收入支持的、商业保险公司辅助的，对农户保障作用大、加入门槛低的新型农业保险制度。具体来说，包括两类险种：一类涉及农业巨灾风险，如洪涝灾害、冰雹灾害等，针对农业巨灾风险的险种属于农业政策保险，由政府承保，风险由各级政府转移分摊；一类涉及一般农业风险，如专门针对某项作物新品种种植的险种，由商业保险公司承保。三是应当增加农业技术应用信贷资金的投入，农户购买农业新技术（如新种子）和农业生产资料（化肥、农药、农机等）时，可以享受到由政府提供的各种低息或优惠贷款，从而总体上减少或降低其使用农业新技术的成本。[②]四是应当发挥农村集体经济的后盾力量，由村集体支出村民采用新技术的部分或全部费用，减小农户个体的经济压力，形成采用新技术的集体氛围。五是应当更新完善技术经济承包合同制度，从法律上明确农业技术产业化应用的风险由签订农业技术经济承包合同的各方（包括农民）共同承担，做到风险共担，利益均沾，获益越大，担责越大。

6.3.2 技术服务

石门县密改稀技术的推广取得良好效果是多方合力作用的结果，县柑橘办、县柑橘协会、园艺场、合作社、农技站以及研究机构和广大农户都参与其中，园艺场内部及相互之间的传播，县柑橘办、柑橘协会的推广，农户之间的交流，形成了自上而下、自下而上、平行互动的全方位、多线

---

① 崔宁波. 基于现代农业发展的农户技术采用行为分析. 学术交流，2010（1）：84.

② 周衍平、陈会英. 中国农户采用新技术内在需求机制的形成与培育——农业踏板原理及其应用[J]. 农业经济问题，1998（8）：12.

条农业技术推广网络。

王宏杰的研究显示，农户采纳新技术的意愿受到农业科技人员服务水平的较强影响，在科技服务的诸多构成因素中，唯有农技人员服务质量和专业水平对农户采纳新技术有着显著的正向作用。[①]高雷的调查发现，在膜下滴灌节水技术的采用上，参加过技术培训的农民采用比例高，接触农业技术推广人员次数越多的农户采用比例就越高。[②]曹建民、胡瑞法、黄季焜调查发现，技术培训是农民接受与采用技术的最重要影响因素之一。[③]农民在接受技术培训之前愿意采用技术的比例为71%，接受技术培训之后，这个比例提高到96%，这表明农民技术采用的意愿与参加技术培训情况存在强烈相关。耿宇宁、郑少锋、王建华研究发现，农户采纳生物农药技术和果园生草技术的行为受到技术培训的显著促进。政府设立示范基地和培育科技示范户，在村庄营造了技术学习、技术追赶和邻近带动的氛围，改变了农户对新技术的无知和怀疑状况，提高了农户对新技术的实践操作能力。[④]薛宝飞、郑少锋的研究显示，参加质量安全控制培训的猕猴桃种植户明显比未参加的对新技术的需求更强。[⑤]在农业技术推广活动中，农民直接与政府部门打交道的机会并不是很多，更多的是与作为政府"代言人"的农业技术推广机构的接触，农民所能了解和掌握的农业技术特别是新技术的知识、信息主要来自农业技术推广人员，农民非常希望得到农业技术推广机构的培训和指导。在农民眼中，农业技术推广人员的技术水平和信息

① 王宏杰. 武汉农户采纳农业新技术意愿分析[J]. 科技管理研究，2010（23）：84.

② 高雷. 农户采纳行为影响内外部因素分析——基于新疆石河子地区膜下滴灌节水技术采纳研究[J]. 农村经济，2010（5）：87.

③ 曹建民，胡瑞法，黄季焜. 技术推广与农民对新技术的修正采用：农民参与技术培训和采用新技术的意愿及其影响因素分析[J]. 中国软科学2005（6）：66.

④ 耿宇宁，郑少锋，王建华. 政府推广与供应链组织对农户生物防治技术采纳行为的影响[J]. 西北农林科技大学学报（社会科学版），2017（1）：120.

⑤ 薛宝飞，郑少锋. 农产品质量安全视阈下农户生产技术选择行为研究——以陕西省猕猴桃种植户为例[J]. 西北农林科技大学学报（社会科学版），2019（1）：108.

拥有量远远胜过自己，并且他们具有政府的公信力，因而农民的技术采纳行为受到农业技术推广组织的很大影响。正因如此，农业技术推广机构应当加大推广力度，创新推广方法，通过信息传播、技术培训、示范展示、个别指导等多样形式，转变农民的生产经营观念，更新农民的知识技术信息，促进农民"人的现代化"，从而推进农业现代化。当前，农业技术推广工作面临着一些困难。许多研究、推广人员并非不想与农民面对面地多接触，却由于经费有限而难以成行。他们为农业、农村发展付出大量时间、精力和智慧，收入却不如人意，分配上的不合理导致人心不稳、队伍涣散，很多研究、推广人员更换岗位另谋出路。政府必须重视解决农业技术推广的工作经费和人员收入问题，经费充足才能保证农业技术推广的有效开展，收入合理才能保障人员队伍的积极性和稳定性，从而提高农民的技术采用比例。

张云华等人研究发现，农户与涉农企业、农业专业技术协会的联系对农户采用无公害和绿色农药有显著影响，在控制其他因素的情况下，农户与涉农企业、农业专业技术协会的联系越密切，农户就越会采用无公害和绿色农业技术。[①]冯晓龙、仇焕广、刘明月研究显示，合作社在新技术的传播中起到举足轻重的作用，测土配方施肥技术通过合作社可以很方便地传播给其成员，提高成员所属家庭对现代农业技术的认知水平，促进农户采用测土配方施肥技术的程度。[②]从今后农业技术推广的发展来看，农户与涉农企业、农业专业技术协会的联系会成为农户采用无公害和绿色农业技术的主要决定因素，涉农企业、农业专业技术协会会成为农业技术推广的骨干力量。因而，政府从现在开始就应当给予涉农企业一定的优惠政策，大

---

① 张云华，马九杰，孔祥智，朱勇. 农户采用无公害和绿色农药行为的影响因素分析——对山西、陕西和山东15县（市）的实证分析[J]. 中国农村经济，2004（1）：48.

② 冯晓龙，仇焕广，刘明月. 不同规模视角下产出风险对农户技术采用的影响——以苹果种植户测土配方施肥技术为例[J]. 农业技术经济，2018（11）：127.

力培育和发展不同形式的农业专业技术协会，提供适合的平台促进它们与农户的联系、合作，发挥涉农企业、农业专业技术协会的技术推广功能，促进农民的技术采用行为。

不同农业经营主体因生产要素规模、结构及技能水平存在差异，其技术采纳的成本、收益及风险判断不尽相同，因此，农业技术推广只有区别对待不同规模、组织化程度的农业经营主体，才能实现农业技术供求的契合，切实提高农业技术推广的范围和效率。[①]具体来说：一是提供满足不同农业经营主体技术需求的技术内容。面向小规模兼业农户，农业技术推广应当主要提供生产阶段的技术内容；面向专业大户、家庭农场这类较大规模农业经营主体，应当主要提供购置成本较高、不可分割的技术内容；面向农民专业合作社，农业技术推广一方面要为社员提供生产阶段的技术内容，另一方面也要为合作社提供农产品加工阶段的技术内容，提升农民专业合作社的盈利能力和发展实力；面向农业企业，农业技术推广应当主要提供较为先进的技术内容，以保证其在激烈的市场竞争中能够获胜、领先，另外，基于农业企业经营规模大连带着经营风险也大，农业技术推广在提供先进技术的同时也要考虑技术风险的控制。二是选择适合不同农业经营主体的最佳推广途径。面向小规模兼业农户，农业技术推广应当注重发挥基层公益性农技推广机构农技人员的指导作用，发挥科技示范户的示范作用，发挥乡镇农资经销商的服务作用；面向专业大户、家庭农场、农民专业合作社等大规模农业经营主体，农业技术推广应当主要采取农资供应商对口推介、技术专家现场指导、农业合作组织规模化采纳的途径，可以有效降低推广成本，提高推广质量；面向农业企业，农业技术推广的途径可以是农业企业与科研机构合作研发应用先进技术，与农资经销机构合作销

---

① 李宪宝. 异质性农业经营主体技术采纳行为差异化研究[J]. 华南农业大学学报（社会科学版），2017（3）：93.

售推介新产品，与公共媒体合作宣传广告新技术等。三是匹配不同农业经营主体的优势推广主体。面向小规模兼业农户，农业技术推广应当主要由政府公益推广机构、农资经销商和专业技术服务机构开展；面向专业大户、家庭农场、农民专业合作社等大规模农业经营主体，农业技术推广应当主要由农资企业、农业社会化服务组织、政府公益推广机构开展；面向农业企业，农业技术推广应当主要由技术研发机构、农资企业开展。[①]

当前的农业科技推广组织分为政府的和非政府的两类。政府机构是主体，已经形成自上而下的省—地区（地级市）—县（县级市）—乡（镇）几个层级的垂直推广组织体系，承担着国家部署的农业科技推广任务；非政府组织是补充，如涉农企业、供销合作社、农业科研和教育单位、农村专业技术协会等，能够满足农民更广、更细的科技需要。[②] 政府推广机构具有两个特点：一是行政运作。政府推广机构是国家实施"科教兴农"战略的主要执行者，有行政权力做后盾，它们可以将指定的农业科技项目一级级"压"下去，省里"压"市里、市里"压"县里、县里"压"乡里、乡里"压"村里，这就是人们常说的"硬性任务"或"硬性指标"。这种模式的农业科技推广，既有组织性强、推广速度快、覆盖范围广的优点，也存在不同程度脱离乡村实际、违背农民意愿的缺点，这些缺点在当前农业产业结构调整、农业现代化发展的进程中日益暴露出来。当然，在完成行政任务以外，政府推广机构可以附带着像企业一样开展推销化肥、农药、种子等农用生产资料的营利活动。二是资金扶持。政府推广机构掌握着一定的国家资金，如扶贫基金等，这使得农业科技项目的推广或多或少有资金上的保障，对于缺少资金的农户来说，政府的补助是促使其采纳农业新技

① 李宪宝. 异质性农业经营主体技术采纳行为差异化研究[J]. 华南农业大学学报（社会科学版），2017（3）：93.

② 秦红增. 乡村科技的推广与服务——科技下乡的人类学视野之一[J]. 广西民族学院学报（哲学社会科学版），2004（3）：89—90.

术的很大诱因，从而使政府推广机构的工作开展较为顺畅。因此，如果国家消减政府推广机构的经费，一方面会造成机构日常运转困难，陷入"瘫痪、半瘫痪"状态，另一方面会导致农业技术推广补助的减少甚至取消，农户采用新技术的成本大为增加，采用新技术的动力大为减弱，最终影响到传统农业技术的改造和现代农业技术的推广。[①]非政府组织更多是凭借自身的技术实力、周到服务以及给予农民各种优惠开展农技推广活动，如免费提供技术咨询和开展技术培训、实行产供销一条龙服务、允许农民赊账等。随着农业科技体制的进一步市场化改革，非政府组织在农技推广中的作用也在日渐扩大。非政府推广组织在市场广大、面对较多农户的农技推广活动中，会寻求政府推广机构的支持，在政府推广机构执行任务时，应其要求也会参与、配合农技推广任务的完成。虽然对当前农业科技推广体系有着诸多不一样的看法和议论，众多调查的结果表明，政府机构在农技推广中的主导地位仍然难以撼动，农民最信赖的还是乡镇一级农技推广站：一是因为农业科技具有公共产品的特性，理应主要由行政部门、事业单位等公共机构来提供；二是因为我国现有的农业推广系统已经十分发达和完善，较之还在发展中的农技推广企业，力量更加强大。

目前，我国农业科技成果的转化率与发达国家相比仍有较大差距，这跟我国现阶段实行的政府供给主导型的农业技术进步模式有关，这种农业科技供给模式不以农民的科技需求为导向，带着浓厚的计划经济色彩，使得科技存在着"为了研究而研究""为了推广而推广"的问题。我国现有的农业技术推广体系是计划经济体制的产物，由国家提供经费，由国家指定并提供推广的技术，不考虑农民的技术需求。随着社会主义市场经济的逐步建立和完善，这种农业技术推广体系已经越来越难以适应形势的发展。[②]

[①] 张舰，韩纪江. 有关农业新技术采用的理论及实证研究[J]. 中国农村经济，2002（11）：26.
[②] 杨永生，杨晶，王浩. 增加农民收入的一项重要措施——农户选择技术的供求分析与对策探讨[J]. 经济问题探索，2001（1）：49.

一是技术推广的运行机制与市场经济不相适应。市场经济要求技术推广活动针对农业生产中存在的问题和面向农民的技术需求，而现有技术推广体系的运转是执行政府部门指令、完成自上而下布置任务的结果。二是技术推广人员的观念、素质与市场经济不相适应。长期以来，国家对技术推广机构的大包大揽造成技术推广人员"等靠要"的观念根深蒂固，在市场经济体制之下，缺乏应有的危机意识、开拓意识、服务意识、创新意识等。由于收入较低，他们没能体现技术推广工作的市场价值，并且现行收入分配制度未能很好地将技术推广效益与技术推广人员的酬劳紧密挂钩，造成高素质人员的大量流失，剩下的人员工作责任心和业务能力、经验水平普遍不高，整个技术推广队伍的素质大大降低。三是技术推广服务领域与市场经济不相适应。市场经济日益要求更加宽广的农业技术推广服务领域，囊括产前商品市场信息的提供、初级农产品的产中服务和产后产品的加工、市场的疏导等，而现有服务更多的是单一的初级农产品的产中服务，缺乏产前、产后服务。

作为面对面与农民打交道的农技推广机构，乡镇一级农技推广站运转效率如何直接影响到农业科技成果应用于实际生产的速度和规模。当前，完善农业技术推广机构的工作重点应是乡、村两级，以提供更多的机会和便利让农民与推广人员进行接触、交流。[①] 然而近些年，受限于财政经费不足，许多贫困地区的农业技术推广力量不是增强了，而是削弱了，这相当大程度地限制了新技术在贫困地区的传播、应用，有关部门应高度重视并尽快解决这一问题。此外，为提高基层农技推广站的工作成效，推广人员应在丰富、创新推广形式上多下功夫，采用发放资料、集中培训、组织参观、田间指导等各种形式，促进农民对新技术特点、实际操作技能以及应

---

① 汪三贵，刘晓展. 信息不完备条件下贫困农民接受新技术行为分析[J]. 农业经济问题，1996（12）：36.

用成本、效益信息的了解和掌握。^① 具体来说，需要注重三个方面的问题：一是将推广形式与推广内容有机地结合起来。将先进且适用的农业新技术送到农民手中是农业技术推广的根本要求，技术本身的优劣最为重要，同时是否采用了农民喜闻乐见、易于接受的推广形式，也极大影响到新技术的传播，这就要求农业技术推广工作要注重推广形式与推广内容的结合，实现二者的相辅相成、相互促进。二是循序渐进地采用各种推广形式。推广人员首先采用的应该是发放资料、集中培训这些基本的推广形式，在达到相当的覆盖面、一定的推广效果后，再实施精准推广，有针对性地选择关键农时和关键生产环节进村、入户、到田，手把手、面对面地进行指导、解惑。三是增强推广人员的语言沟通能力和技能培训能力，从而在农技推广工作中，能轻松与农民打成一片，以熟悉换信任，以信任换认同，并且擅于教育、指导，在把握市场需求和农民需要的基础上，将农业技术的理论、要点、步骤等尽可能快速而完整地交给农民。^② 基层农业技术服务网络处于"线断、网破、人散"的局面，难以有效发挥其促进农业技术成果转化和推广应用的功能，极大影响到农民了解、选择和采纳农业新技术，延缓了农业现代化步伐。^③ 一是农业技术推广的工作人员紧缺、服务内容欠缺、运行经费不足，难以完成现代农业发展所要求的大范围无偿或低偿服务的任务；二是农业技术推广机制不顺，工作考核机制和业绩激励机制未能充分与市场经济体制接轨，导致技术推广人员缺少足够的工作主动性、积极性和责任心，服务方式简单、服务内容狭窄、服务行为错位、服务质量不高、服务成效不大。王宏杰关于农户对目前农业科技服务看法的调查结果显示，农户对农业科技服务的现状不甚满意，只有 4.92% 的农户认为

---

① 韩青，谭向勇. 农户灌溉技术选择的影响因素分析[J]. 中国农村经济，2004（1）：69.

② 廖西元. 基于农户视角的农业技术推广行为和推广绩效的实证分析[J]. 中国农村经济，2008（7）：13.

③ 余海鹏，孙娅范. 农户科技应用的障碍分析与对策选择[J]. 农业经济问题，1998（10）：24.

"有科技服务并且服务能够贴近农民需要"，27.87% 的农户认为"在生产中没有科技服务"，67.21% 的农户认为"有科技服务但流于形式"；农户对农技服务人员素质的评价也不是很高，57.38% 的农户表示"农技推广人员工作积极性不高"，36.07% 的农户表示"农技人员技术水平有待提高"。[①]

2004 年以来，我国进行了新一轮政府农技推广体系改革，取得了一定成效。政府部门提供给农民的农技服务比例提高了，非政府部门也提供了大量的农技服务给农民；农技推广人员的队伍建设有了明显加强，改革前农技推广人员知识老化和人才断层问题得到较大解决，队伍年龄结构更加合理；农技推广人员下乡时间显著增长，农民可以获得政府部门提供的更多农技服务。尽管如此，还有一些老问题未获解决，同时改革又带来了一些新问题。农技推广的行政化色彩更加强烈，而不是趋于淡化，造成推广活动单向化和推广手段单一化，这严重抑制了农技推广人员为农民提供服务的积极性和能动性，降低了农技服务对农民的吸引力，削弱了农技推广工作的功效；一些地区取消了农技人员下乡为农民服务的激励措施和机制，由此导致农技推广单位招不到专业人员，且人才流失严重，非专业人员比例越来越高，农技人员也缺乏服务农民的动力，大大降低了政府部门农技推广单位为农民提供农技服务的能力和水平。[②]

当前，基层农业技术推广的农村社会政治生态已经发生很大变化。[③]一是农业劳动力趋于老龄化。农村劳动力的老龄化和外流共同改变着农业劳动力的年龄结构，使得农业劳动力趋于老龄化，由此，农业技术推广的主要目标群体变为中老年人，而不是年轻人，这给农业技术推广设置了一种结构性障碍。中老年人因为身体素质较弱、文化程度较低和接受新事物的

---

① 王宏杰. 武汉农户采纳农业新技术意愿分析[J]. 科技管理研究，2010（23）：84.

② 胡瑞法，孙艺夺. 农业技术推广体系的困境摆脱与策应[J]. 改革，2018（2）：97–99.

③ 李博，左停，王琳瑛. 农业技术推广的实践逻辑与功能定位：以陕西关中地区农业技术推广为例[J]. 中国科技论坛，2016（1）：152.

能力较差，在接受新技术上缺乏认识和魄力，加大了新技术向农村扩散的难度，不利于现代农业科学技术对传统农业生产经验的替代。二是农业承担功能日益多样化。我国现代化建设的推进，不但要求农业具备粮食供应与工业原料供给的功能，而且要求农业随着经济社会发展水平提高具备满足人们社会、文化、生态等方面需要的功能，农业逐渐兼具食品安全功能、经济功能、社会功能、文化功能、生态功能五大功能。现代农业是综合性农业，在传统农业的基础上，将观光休闲、文化传承、科普教育、生态保护等融合为一体，面向这种综合性农业的农业技术推广就不再仅仅是教授农民农业生产技术，而是传播更为广泛的知识技能。三是村庄发展动力逐渐多元化。农民的自组织，如农民专业合作社、农民专业技术协会等，发挥出一定的农业技术推广作用，但它们并不具备很好完成这项工作的充足实力，需要外来力量的支持。部门下乡与资本下乡恰恰为农民自组织提供了所需的支持，各种涉农部门与外来资本通过带来惠农政策、大量资本和信息技术，给农民自组织的发展及农业技术推广注入了充足的人力、物力、财力支持，增强了其农业技术推广条件和能力。既然农村社会政治生态变化了，运行于其中的农业技术推广也需随之变化。首先，需要重构农业技术推广的功能定位。逐渐将农业推广站改为农业工作站，将农业技术推广升级为广义的农业推广，促成农业技术推广职能的扩容升级，使得农业工作站的业务不仅包括技术推广，还包括农业信息服务、农产品质量检查、优良品种繁育及种子培育、农业补贴发放、农业保险、农业信贷、农产品营销指导；使得农业推广的内容不仅是农业技术，还包括与农村居民生产生活相关的各种知识、技术和信息。不断丰富包括中小学师生、农技推广机构及人员、商家和企业、政府"科技110"、村网络服务中心、农村信息员和科技协调员等在内的农业信息传播中介，通过他们将农民需要的各种信息传播开来。其次，需要完善农业技术推广的参与机制。农业技术推广功能的最大限度发挥有赖于多元推广主体的积极参与，除了发挥政府部门的农技推广机构、农业院校和科研机构的作用外，还需要通过激励、协同机制，将专业大户、家庭农场、农民专业合作社、科技示范户、返乡创业农民、大学生村官等生产经营主体纳入农业技术推广体系。最后，需要建立农业技术推广人员市场准入制度。发展现代农业需要一支专职化、专业化、多元化的农业技术推广队伍，造就这支队伍的途径就是实行农业技术推广人员从业资格准入制度，只有通过统一考核、取得职业资格证书后才准进入市场从事农技推广工作，而政府下辖的农技推广部门主要工作就是考核、批准农技推广人员市场资格以及对非专业技术推广人员进行技能培训。[①]

我国的农业技术服务体系正在由过去单一主体的政府推广系统，向现在多元主体的，即以政府推广机构为主导，农业科研教育机构、农业企业、农民专业合作社等共同参与的农业技术服务体系转变。要充分发挥多元主体农业技术服务体系的功效，需对农业技术进行重新定位，划分不同推广组织负责的农业技术类型，从而建立一个定位准确、分工明晰、竞争有序的新型农业技术服务体系。[②]农业技术可以划分为"公共农业技术""俱乐部农业技术"和"商品型农业技术"三类。"公共农业技术"是指不会给提供者带来明显的、独享的经济回报的农业技术，这类技术的推广主体应是政府部门、高等院校、科研机构；"俱乐部农业技术"是指提供给特定地域、特定农民群体的农业技术，其应用产生的经济回报为该地域、该农民群体共享，这类技术的推广主体应是农民专业技术合作社或其他农村合作组织；"商品型农业技术"是指具有竞争性、排他性和经济回报独享性的农业技术，这类技术的推广主体应是农业企业。公共农业技术的推广，其重点在于加强县级推广部门的建设和乡、村级推广人员队伍的建设；俱乐部农业技术的推广，重点在于扶持农民专业技术合作社的建立和发展，引导其与

---

① 李博，左停，王琳瑛. 农业技术推广的实践逻辑与功能定位：以陕西关中地区农业技术推广为例[J]. 中国科技论坛，2016（1）：153，160.

② 崔宁波. 基于现代农业发展的农户技术采用行为分析[J]. 学术交流，2010（1）：84.

高等院校、科研机构开展技术研发合作，整合、提升、传播组织成员的技术经验；商品型农业技术的推广，重点在于为农业企业的发展创造良好环境，改革相关的法律和法规，出台鼓励、扶持的制度和政策，不断增强农业企业在农业技术服务中的作用，活跃农业技术市场。

　　农业技术推广的成效最终取决于农民的采用，所以农业技术推广最重要的是以农民的生产需求为导向。[①]然而，我国"自上而下"供给农业技术的主导推广路径还未发生根本改变，从而导致农业技术研究目标与生产需求的不尽一致，这大大妨碍了农业技术推广效率和科技成果转化率的提升。要改变农业技术主要"自上而下"推广的局面，必须强调农民生产需求在农业技术推广中的导向地位，重视并搜集来自农业生产一线的技术需求信息，有的放矢地开展技术研发和推广活动。需求导向的农业技术推广体系是一种由生产者、研究机构和推广部门三个主体构成的开放式互动系统。农户、合作社等生产者在从事农业生产活动时，因自然、人为因素的影响，会产生各种各样的问题，他们会利用自身积累的生产经验寻求问题解决的方法，如果成功便口口相传给村民，如果不成功便将问题反馈给专业技术人员，推动技术研究、服务工作的开展；农业院校、科研机构和企业在了解到技术需求后，在科研课题、服务项目的经费支持下开展相关技术研发活动，完善先前技术或是研发新技术；农业技术推广机构在工作要求和政策指引下推广完善技术或新技术，生产者受自身需要和政府激励的驱动会逐渐采用这些技术，又会将应用效果及问题信息及时反馈给专业技术人员，由此形成"需求—研究—推广"的农业技术发展良性循环。

---

① 张标，张领先，王洁琼. 我国农业技术推广扩散作用机理及改进策略[J]. 科技管理研究，2017（22）：49.

7　文化习惯与农户技术采纳行为

在具体的自然地理环境、经济形势、政治结构和意识形态背景下，农民在长期的生产生活过程中创建出并传承、发展着特定的文化。这些包含了价值观念、心理品质、风俗习惯和地方性知识的文化，首先由外而内地渗入农民的日常言行、生产生活的方方面面，形成他们一定的思想、观念、性情和偏好，继而由内而外地左右着他们的计划、行动。农户的技术采纳行为当然也有意无意地受到其文化习惯相当程度的影响，打上了当时当地的文化烙印。

7.1　垫料养猪技术

7.1.1　环保意识

马家湾村农户对此是有共识的：相较于传统养猪，垫料养猪最大的好处是利于改善、保护环境。传统养猪打扫猪舍卫生是用水冲洗猪栏，猪粪便、污水都流到外面的沟里，再流到村里的河中。猪舍干净了，村子的环境却遭到严重污染。环境被污染，对人的身体影响很大，离养猪场近一点的水井都受到污染，水根本无法饮用。对农户而言，环保养猪能够实现发展养猪产业的同时又能保护环境，这是一个不错的选择。随着生活水平的提高，农户也逐渐认识到人不能光想着赚钱，赚了钱身体坏了也没意义，而好身体靠的是鼻子能够呼吸新鲜的空气，嘴巴能够喝到纯净的水、吃到无污染的菜，这些都来自好环境。农户的环保意识虽然在增强，但在采用垫料养猪的现实问题上，对于成本效益的考虑还是压过了环保意识。用一些农户的话来说就是，养猪能赚到钱，今后肯定会环保养猪；现在养猪不赚钱，还要我投资环保养猪，那做不到。垫料养猪得到当地政府的支持并且在马家湾村获得一定范围的推广，与马家湾村深受传统养猪造成的环境污染之苦，以及农户对垫料养猪环保功能的认识有很大关系。目前，虽然很多农户基于经济原因暂停采用环保养猪，但并不是完全放弃，而是在等待生猪销售行情的转变，择机重新开始，逐渐形成的环保文化在农户对养猪技术的选择上发挥出日益重要的作用。

村民刘某：如果环保养猪有利可图的话，我会加入。环保意识我还是有的，污染太大了影响健康。如果能赚钱，那我搞环保。养猪不赚钱还要环保，那我宁肯不养猪。如果猪价维持在每斤 6 块钱以上的水平（2010年），我还是愿意建环保栏的。

村民组长熊某：目前来讲，零排放在解决环境污染问题方面确实比传统养猪法好。传统养猪法用水冲洗，猪粪啊、污水啊都冲到沟里，再流到河里，造成的环境污染比较大。现在这个零排放确实不会。

村民组长陈某：搞这个环保栏，我一开始就去报名了，觉得这东西还可以。我们这个地方你出去看看就知道，如果还用原来的方法养猪，污染真的很大，对人的身体肯定是不好的。镇里搞的环保养猪是个新鲜事物，主要是对保护环境有好处，如果还能赚钱的话，肯定是好的。人不能只往钱上看，是不是？身体坏了，再多钱有什么用！

村民宋某：我报名参加这个环保猪场主要因为以前养猪污染环境，邻居都有意见。洗栏污水不仅会冲到别人田里，空气也会被污染。环保养猪对治理污染是有益处的，就是费用大了点。

7.1.2 劳动习惯

马家湾村农户感觉垫料养猪比起传统养猪，劳动时间更长，劳动量更大，完全打乱了他们长久以来的劳动、生活作息规律，需要调节所有活动的节奏，还要添加人手。随着进城打工日益方便、打工收入不断增加，留在农村务农的劳动力逐渐减少，农户采用垫料养猪时自然会考虑劳动强度的问题，他们更倾向于选择省力省时的技术。

村民宋某：我觉得环保猪栏不用洗栏，污染少，环保卫生，就想试一下。尝试了以后发现，关小猪的时候还可以，大猪就不行了，拉得太多了。那个垫料要翻料，不翻的话就会发霉，猪吃了就拉稀。猪小的时候，一个礼拜翻一次就可以。100 斤以上的大猪要两天翻一次，200 斤以上的大猪就要天天翻，翻料一次至少是 4 个小时，比较麻烦，劳动量挺大的。传统栏每天只要喂两次食就可以干别的去了，100 头猪的规模每天花 2 个小时就可以了，上午 1 小时，下午 1 小时，洗一下栏，喂一下食。

畜牧站站长周某：就环保养猪的工作量而言，小猪还可以，大猪就会很累了。小猪排粪量少，大猪拉得太多，要勤快一点，多花不少时间，才能稍微好一点，比传统养猪要累一些。

村民余某：我没有每天翻料，翻一次累得要死。这次垫料用完后，我不想再买了！零排放好归好，但太累啦，还有就是贵，成本太高了。

垫料公司技术员：这个垫料，看农民怎么去接受了。产品是个好产品，确实能够解决污染问题。当然，后期的劳动量确实比较大，成本也比较高。垫料的化粪能力主要靠农户自己去管理，要翻动，如果是个懒汉就不行啦！毕竟它的原料是木屑和土灰，要是不去翻动，肯定不能达到理想效果。

7.2 柑橘密改稀技术

7.2.1 生活情感

近些年来，柑橘市场的需求方向已经发生变化，不再单纯追求数量，而是更加讲究品质，推广密改稀技术就是直面市场需求改变的一项举措，力图让橘农在不降低柑橘产量的基础上又能显著提高柑橘质量，从而有效对接市场需求，使之销路旺、价钱高。橘农对密改稀技术的优点也是有所认识的，然而在他们的传统观念里，种植橘树并不只是生产活动，也是生活方式，橘树、橘子并不只是商品，也是自己的心血结晶。橘农对橘树以及传统栽培技术的情感依赖，使得他们不会纯粹从经济效益计算的角度来理性看待橘树、橘子的保留与砍除。一些人明知密改稀技术好，也舍不得砍橘树，密改稀技术的推广受到橘农生活情感的影响。

柑橘中心负责人：柑橘密改稀不是两三年就能完成的事情，实际推广中，我们也不会要求农民一次把橘树砍光，可以分批、有计划地实施。这里面涉及一个传统背景的问题。俗话说"十年树木，百年树人"，大家把人的培养跟树的长大看成是一样的，因此，树长大了怎么可以随便砍掉呢？这种思想在很多农民心中可以说是根深蒂固的。

三花村老支书：有些人舍不得砍树，这个思想是能够改变的，但也不是说变就变的。我认为还是现在学习得少、会开得少，思想保守了。多开会学习一下，老百姓还是愿意听，会改变的。

7.2.2 生产经验

石门县为发展柑橘产业，县柑橘办、柑橘协会等基层技术推广机构会经常邀请专家来推介技术、指导生产。专家们推介的技术多种多样，对于

139

生产的观点也不尽相同，柑橘密改稀技术就是其中的一种。密改稀技术本身并不完全是由科研机构专家研发出来的，它的产生一部分功劳要归于农民的种植探索，它也不仅仅是应用于柑橘种植，在其他作物的种植中也可应用。基层技术推广机构对于众多专家推介的技术并不是不加甄别、"拿来主义"地推广下去，他们将这些技术都看作是一家之言，会根据自身经验，通过一定试验检测，对技术的科学性和适用性进行评判，并结合当地实际进行一定修正后才教给农民。稳妥起见，基层技术推广机构只向农民推广定型的技术，不会轻易推广还不成熟的技术。实际上，农民在长期的柑橘种植实践中，很多人对密植的缺点已有所认识，已开始小规模、自发地进行稀植，积累了一些经验。对于政府、科研机构现在推广的密改稀技术，农民并不是一无所知。在与专家打交道的过程中，他们也认识到专家擅长理论知识而欠缺实践经验，因此对于专家推介的技术往往持"不可不信，也不可尽信"的态度。农民会对新技术做出自己的判断，与自己常年种植经验符合的技术部分会被采用，超出自己经验之外甚至与之相反的技术部分会被拒绝或延缓采用。

三花村老支书：我们已经改了一部分。我们先种的比较密，后种的要稀一些。政府号召种密点，我们也以为密点好一些，当时是密矮早。最近五六年发现密了不好，不好打药、不好工作、不好培植。农民讲就是实践出真知，通过几年的摸索，发现密植对柑橘的成熟有影响，所以老百姓就自愿把它们种稀了。政府推广密改稀之前，老百姓就发现稀一点好，果子乖质（优质）一些，好吃一点，产量也不会减，这就是实践出真知。

秀坪园艺场技术主管唐某：推广密改稀技术，既是政府的要求，农户自己也是知道的。他们觉得必须要密改稀了。密了的话，果子结得不漂亮，也卖不到高价。密改稀之后，橘子的果型好，又漂亮又光滑，成熟得也比较早了，卖的价格也好了。

秀坪园艺场书记李某：上次我们听了市里李教授讲的课。他就主张，现在的柑橘树不要修剪，让它自然生长。这样一讲，老百姓就认为好，不修剪还省人工啊！李教授说，第一，橘园内不松土；第二，不施行修剪，让果树纯天然地生长。老百姓觉得他说得挺有道理的。为什么呢？这个树，你修剪了，伤了树枝，对树本身总是有影响的，对果子品质等各方面也都有影响。老百姓是这样的，他有5亩橘子树，即使他按李教授的技术做，也不会5亩都不修剪，可能只是一小部分不修剪。农民自己会搞试验，看看效果如何。他们最实际了，你不可能要他今天开这么一个会，明天就会完全按你说的去做，他们在实践中会改进的。

二都柑橘专业合作社总经理蔡某：这个密改稀技术一般在三年以后会产生效果。我们起初只改了10亩，先做一下对比，等产生了效益，才能下这个结论说这个技术好不好。

私人苗木基地农户卢某：我们的技术既有自己的经验，也有上面的传授。石门县有柑橘办，柑橘办每年都会有培训，乡里也来宣传技术。我们自己也会总结经验，现在懂柑橘技术的有成千上万家，上面传下来的技术跟我们下面搞的技术有时候不对套。比如说这个打虫，有的是看到柑橘上面有虫就打，有的是根据预报大概在某个时间打。柑橘办、柑橘中心来推广技术，我们也会结合自己的经验调整一下，再到下面各个生产队去讲解。对上面推广的技术，我们也不是一律接受的，还是要因地制宜。

三圣生态农业科技有限公司加工负责人：我们开始栽苗的时候比较密，然后再分开。这个技术上面有指导，我们也是根据自己的经验这么做的。橘树长大了，阳光照不进，果子就会坏掉，还容易生虫子。

山花园艺场散户：我现在园子里1亩地60多棵，原来100多棵，太密了，抽了一些栽到水稻田里了。之所以改稀，主要是自己觉得密了，技术员也说密了。稀了好些，密了不结果，要通风，要向阳，太阳出来要晒到地上，地上要看得到。这既是我们长期种柑橘摸索出来的经验，也是上面技术员给我们讲的。

柑橘办工作人员易某：我们联系比较密的科研单位有农大园林园艺学院，再就是园艺所、中柑所、华中农大。不是说每年那些单位的人都来，我们只是每年请一个两个来搞培训，为期四五天，不会长达十几天，也就是讲几堂课，再到下面考察一两天。这些专家主要是下来跟我们交流交流，另外给我们介绍一下最新动态，像湖南农大、华中农大、中柑所在柑橘方面有什么最新的问题、发现，他们都会介绍一下。当然，他们讲的不一定都能应用到实践中去。我们把技术推下去主要有两种方式：一是对柑橘生产大户、主管村领导进行技术培训，到教学科研单位请人给他们讲课；一种是让那些在柑橘种植方面有很多经验的技术老手，去参加过培训的那些人，让他们来柑橘办总结总结，然后把他们派下去，深入到村组去讲课，这样通过生产能手把生产技术推广开来。之所以这样，是因为上面专家讲的在下面不一定行得通。

散户：原来没有经验，1亩地有百把株，后来有经验了才搞到80株。密了，结的果子就不乖质（优质）。这是个人摸索出来的经验。

散户：20世纪80年代的时候，种的是80株，现在不到80株，密了不透风、不向阳，挂果子就挂不稳。现在政府要60株，我还要抽掉一些，不然橘树不长高、不长宽。不能直接砍，剪掉一部分树枝，这样树就长得开一些。三年一大修剪，其他时间可以小修，你要是觉得枝子长得好就舍不得剪，那是错误的。老师来讲柑橘课，他只有理论知识，剪枝就是个实践知识，实践知识比理论知识更可行一些。

7.3 分析与建议

7.3.1 环保健康意识

马家湾村农民认识到，垫料养猪有利于环境的改善，有利于身体的健康，这是垫料养猪最初能在该地被一批农民采用的原因之一，也是后来许多农民虽然决定暂停采用垫料养猪但并未完全放弃的原因之一，说明环保健康意识对于农民的技术采用行为发挥出作用了。然而，目前农民的环保意识还不够强，对于垫料养猪，农民更多考虑的还是成本问题。

张云华等人的研究显示，生态观念、健康意识等主观因素一定程度上决定着农户采用无公害及绿色农药这种可持续农业技术的行为。[①]农户采用农药的行为受其关注生态平衡、环境保护程度的影响，农户如果了解并重视高毒农药对环境的破坏问题，他们就倾向于更多使用无公害及绿色农药，拒绝或减少高毒农药的使用。与此同时必须看到的是，农户如果因为使用无公害及绿色农药造成收入明显减少，其使用无公害及绿色农药的意愿将会大打折扣。全社会越来越认识到农产品安全与人体健康的关系，农村也是如此。我国绝大多数农户是半自给自足型生产，所产农产品中的一部分留作自己消费，因而他们对于农产品的安全问题也较为重视。陶群山、胡浩、王其巨的研究发现，农户环境意识的提高对于生态农业新技术的推广具有重要意义，以农户对环境污染问题的关注程度作为自变量，农户采纳生态农业技术的意愿作为因变量，二者相关系数为0.641，表明农户越是关注环境污染问题就越愿意采纳生态农业技术。[②]余威震等人的研究也显示，农户的绿色认知对其有机肥技术采纳意愿与行为具有显著影响。越了解农

① 张云华，马九杰，孔祥智，朱勇. 农户采用无公害和绿色农药行为的影响因素分析——对山西、陕西和山东15县（市）的实证分析[J]. 中国农村经济，2004（1）：43.
② 陶群山，胡浩，王其巨. 环境约束条件下农户对农业新技术采纳意愿的影响因素分析[J]. 统计与决策，2013（1）：109.

村生态环境政策的农户，对农村生态环境严峻现实的认识越深，采纳有机肥技术的意愿就越强，付诸行动的可能性也越大；越了解化肥减量化行动的农户，对有机肥替代化肥作用的认识就越多，采纳有机肥技术的态度也越积极；越认为农业绿色生产重要的农户，其环境保护责任意识就越强，就不仅会更加关注农业绿色生产技术的发展走势，在实际农业生产中也会更加主动发展绿色生产，兼顾经济效益与环境保护。[①] 采用生态农业技术，要求农民具备较高的科技文化素质，这就需要对农民进行生态农业相关知识的宣传和教育，让他们认识到保护环境、节约资源、可持续性生产对于现代农业发展和满足人民不断增长的美好生活需要的重要性和迫切性，认识到国家推进农业转型、发展生态农业的战略和决心，从而增强农民采纳生态农业技术的动力和信心。[②]

农户的生产目标是多种多样的，包括利润的最大化、风险的最小化、社会效益的最大化、生态效益的最大化等等，其生产决策以生产目标为导向。农户如果以利润最大化为生产目标，所有决策都只考虑能否扩大农产品的产量，甚至付出破坏环境的代价也在所不惜，让他们采纳生态农业技术就非常困难。而如果农户重视环境问题，以生态效益的最大化为生产目标，其决策就会考虑农产品的质量和安全，从而重视环境资源的改善和保护，重视使用生态农业新技术进行生产。现在我国农民的收入水平和生活质量有了较大提高，他们越来越关注环境问题，越来越重视身体健康，生产目标随之越来越趋向于生态效益的最大化，生产决策会更多考虑如何保护土壤、水资源等自然要素以及提高它们的使用效率，如何形成农业的可持续发展，这给生态农业新技术的推广和应用创造了良好的氛围。

---

① 余威震，罗小锋，李容容，薛龙飞，黄磊. 绿色认知视角下农户绿色技术采纳意愿与行为背离研究[J]. 资源科学，2017（8）：1578.

② 赵丽丽. 农户采用可持续农业技术的影响因素分析及政策建议[J]. 经济问题探索，2006（3）：89.

7.3.2 生产经营习惯

马家湾村农民认为，在日常管理上，垫料养猪比传统养猪的劳动量要大、劳动时间要长。这让习惯了以往劳动强度的农民感觉很累，也打乱了他们多年来形成的劳动、生活安排，引发了一系列不适感。

一般来讲，从事种植业时间较长的农户，会较为信赖自己的种植经验，并习惯于传统耕作模式，因而比较难采用新的保护性耕作技术，即便采用也多为尝试一下的态度。而种植时间、经验较少的农户，反而接受新技术的意愿会较强，采用保护性耕作技术的可能性较大，采用程度也较深。[①]薛宝飞、郑少锋的研究发现，农户种植猕猴桃的时间越长，生产经验越丰富，就越难完成新旧技术的更替，除非新技术能够实现猕猴桃生产的大幅增量提质，并且新旧技术具有相通之处，能够较好衔接，不然农户还是会习惯性采用旧技术进行生产。[②]蒙秀锋、饶静、叶敬忠对贺州市农户选择农作物新品种的决策行为进行了研究。[③]贺州市是一个多民族地区，当地人思想较为保守，他们的生产、生活深受习惯力量的影响。大多数农户一旦种植了某一农作物品种，只要这个品种还能保持一定产量，他们就不会考虑种植其他新品种。他们的想法是，种植老品种已经很长时间，非常熟悉其特性，对于每年什么时候播种、什么时候施肥、什么时候收割，已经习惯成自然，很难且不愿更改这种生产习惯。由此可见，农户种植某个农作物品种时间长了，就会形成固定的种植习惯，而更换品种连带着需要改变种植习惯，这阻碍着农户对新品种的选择。李季研究了河北省邯郸市马头镇一个蔬菜

---

① 李卫，薛彩霞，姚顺波，朱瑞祥. 农户保护性耕作技术采用行为及其影响因素：基于黄土高原476户农户的分析[J]. 中国农村经济，2017（1）：53.

② 薛宝飞，郑少锋. 农产品质量安全视阈下农户生产技术选择行为研究——以陕西省猕猴桃种植户为例[J]. 西北农林科技大学学报（社会科学版），2019（1）：108.

③ 蒙秀锋，饶静，叶敬忠. 农户选择农作物新品种的决策因素研究[J]. 农业技术经济，2005（1）：24.

种植先进村拒绝采用先进温室技术的原因，是农户已经习惯了原先的种植做法，温室种植需要频繁下地照料，一年到头不得空闲，这将完全打破农户原先的生产以及生活规律，这对农户的调适能力提出了相当大的挑战。[①]因此，农技推广机构更应该选择传播那些贴近农户现有生产习惯、容易被农户接受的新技术，加强宣传、培训和指导工作，适度改造农户的观念、习惯，实现原有生产经验与新技术的顺畅衔接，促进农业技术进步。

农民在长期生产实践过程中会形成一套生产、生活体系，任何一项新技术想要进入该体系发挥作用，都必须与该体系的构成要素相衔接、相融合，否则它们就会排斥、抵制新技术，成为新技术推广的障碍因素。因而，农技推广人员需要开展实地研究，认真调查、分析当地农户的生产、生活习惯，据此确定推广何种技术以及具体实施方案，以顺利实现新旧技术的更替。[②]也就是说，农业的进步以及农村的发展，仅有政策、技术和经费远远不够，还需要大量精通技术、热心农事、注重实用的农技人员深入农村，把握农情村况，在此基础上开展农业技术研究与推广工作。为解决农技推广的"最后一公里"问题，有必要进一步改革、创新当前的科研体制，促使科研工作更接地气，激励科研人员从实验室走向田间地头，开展综合性、多学科的调查研究，着眼于新型生产、生活体系的构建，避免单就技术甚至某一技术来谈农技推广的错误，有效推动农业现代化进程。

7.3.3 小农意识

在传统观念影响下，石门县橘农并不完全把果树、果品看作是商品，他们不会基于纯粹的经济效益计算做出保留或砍除果树、果品的决定。对于自己种植了数十年的果树，橘农有着深厚的感情，因此哪怕果树的经济

---

① 李季. 城郊农民技术接受实证研究[J]. 农业技术经济，1993（3）：39.
② 李季. 城郊农民技术接受实证研究[J]. 农业技术经济，1993（3）：40.

价值不高，也往往舍不得砍除、更替。

长期存在的自给自足的小农经济和封闭的血缘、地缘社会关系，造就了农民独特的认知心理、价值观念和思维方式，他们安土重迁，对土地有着深厚感情和严重依赖，形成一套低目标的自我平衡价值观，表现出知足常乐、随遇而安、不冒风险的心理特点，这就是小农意识。人们对于一种投入大量时间、精力和资本的经营行为，会产生相当程度的依赖，从而不会轻易做出改变，即便知道还有可替代的能够获得更佳收益的经营行为。从传统社会一直到现在，我国部分农民仍然保有一种安土乐天的价值观，尤其是在偏远、落后地区。高雷对新疆石河子地区农民的调查发现，尽管当地十分贫困，却没有多少农民外出打工。① 当地农民千百年来世世代代在这块土地上生存繁衍，过着"日出而作、日落而息"的稳定不变生活，形成重实际、轻幻想的自给自足的观念，农业就是他们的一切，他们对于接受新鲜事物包括农业新技术表现得特别小心慎重，忧虑如果应用新技术失败，将会导致家庭一年的生活没有着落和下一年的生产无法进行。我国农村的发展还大大落后于城镇，农民家庭拥有的收入、资产非常有限，农户自然害怕、躲避风险。长期受城乡二元经济社会结构的影响和封闭的文化代际传递模式的作用，我国农民形成自己的一套生存伦理和道德评价的体系，这使得农民的生产经营、技术采纳行为具有较强的锁定效应，极大阻碍了传统农业向现代农业的转型。② 高连兴把农民小农意识在技术采纳上的表现归结为五点③：一是渴求。由于长期生活在绝对贫困和相对贫困中，农民快速增加收入、提高生活水平、发家致富的愿望十分强烈和迫切，他们

---

① 高雷. 农户采纳行为影响内外部因素分析——基于新疆石河子地区膜下滴灌节水技术采纳研究[J]. 农村经济，2010（5）：84.

② 王玉龙，丁文锋. 技术扩散过程中农民经营行为转变的实证分析[J]. 经济纬，2010（2）：113.

③ 高连兴. 农民的社会经济及心理状况与农业推广[J]. 农业科技管理，1994（4）：31.

将这种愿望的实现相当程度上寄托于通过采用先进科技，提高农业生产的产量、质量，从而获得较好的经济效益。二是实惠。农民进行技术采纳决策时，首先会对人、财、物等自家的资源禀赋和新技术可能带来的经济效益做出直观评估，在认为新技术切实可行、有利可图时才会应用。这种实惠心理导致农民通常不易接受那些能够提高科技素质、促进科学管理、具有长远效用的知识技术，而是对投资少、风险小、见效快、看得见、摸得着的实用技术兴趣浓厚，看重技术采纳的短期效应。三是从众。农民出于追求安全的心理，习惯于群体行动。在农技推广初期，农民大多处于观望状态，头批采纳新技术的人数很少，到了中期随着采纳人数增多，又会出现一哄而上的局面，许多专业村、专业乡的形成就是这种心理作用的结果。四是依赖。受以前计划经济和大政府的影响，农民在发展生产、科技致富过程中相当习惯于和信赖政府部门、农技推广人员的组织和扶助，这种心理既有助于农技推广工作的开展，又在一定程度上形成了农民"等靠要"的懒惰思想，他们习惯等着政府部门、农技推广人员把技术、信息、资源和服务送上门来，缺乏主动、积极跑市场，联系并寻求政府部门、农技推广人员支持的意识和能力。五是侥幸。农民在学习和应用新技术时，往往不同程度地存有侥幸心理，耍小聪明，经验主义作怪，对科学技术的严谨性没有充分认识，出现学习新技术时一知半解，应用新技术时偷工减料、拔苗助长等情况。

近些年来，我国市场经济纵深推进、农业产业结构调整的步伐大大加快，农业已经从自给自足的自然经济转向规模日渐扩大的市场经济，部分农民的思想也发生了很大变化，从而涌现出越来越多的以市场需求为导向、以经济效益为目标的专业大户和农民企业家。袁明达、朱敏将所调查农户从"市场意识"和"科技意识"两个维度分成五种类型[①]：第一类型农户的

---

① 袁明达，朱敏. 基层农业技术推广体系信息服务能力实证研究——基于不同类型农户视角[J]. 经济体制改革，2016（4）：71–72.

市场意识和科技意识都中等，主要为缺劳力农户提供农业生产性服务，属于"服务型"农户；第二类型农户的市场意识和科技意识都较弱，从事农业生产是为了自给自足，因而对市场信息和科学技术没有太大需要，属于"传统型"农户；第三类型农户的市场意识和科技意识都较强，能积极学习、采纳新技术，善于发现、开拓农产品市场，属于"创新型"农户；第四类型农户的市场意识较强但科技意识较弱，善于了解信息，把握行情，主要靠生产经营适销对路的农产品盈利，属于"市场型"农户；第五类型农户的科技意识较强但市场意识较弱，致力于某一农业生产领域的经验累积和技术革新，属于"技术型"农户。其中，"服务型"农户、"市场型"农户和"技术型"农户居多。

虽然小农经济趋于瓦解，但以它为基础形成的深层次文化、心理并没有那么快随之灭亡，相当一部分农民仍然受制于自给自足、注重眼前利益、个人利益或局部利益的小农经济思想，未能变为市场经济的主体，充分参与市场竞争，农产品的商品化程度不高。① 农民长期以来形成的小农意识，已经严重阻碍到我国农业现代化进程，农民不改变这种落后的思维定式，就无法适应市场经济不断发展的大势，无法更快更好地接受先进农业科技，从而提高农产品的市场竞争力。② 需要进一步加强对农民的教育，让农民清楚认识到我国农业正进入现代化阶段，农村经济、产业结构在大幅调整，农业生产由数量型向质量型发展，农业增长方式由粗放型经营向集约型经营转变，现代农业生产首要应该考虑的问题就是产品是否有市场，产品在市场中是否有竞争力以及生产能否增产提质增收，而这些问题的解决与对农业新成果、新技术的接受和采用密不可分。

长期以来，我国以户为单位的农业生产方式也限制了新技术的推广，

---

① 周建华，乌东峰. 两型农业生产体系桥接的前置条件及其抗阻因素[J]. 求索，2011（1）：53.
② 王移收. 试论农技推广人员及农民思维定势的改变[J]. 湖北农业科学，2005（6）：13.

由于农户生产的规模小，采用新技术无法获得应有的规模经济效益，影响了农民对新技术效用的认识和采用新技术的意愿。在农技推广工作中，农民往往处于被动状态，参加推广活动很是勉强，大都应付了事，他们并没有真正从思想上重视新技术在生产中的作用，也就无从产生对新技术的主动需求了。因此，农技推广工作的第一关就是改变农民的思维定式，让他们认识到技术推广是促进农业发展的一项重要工作，是提高自家生产力水平、增产增收的重要手段。从而改变以前"我（农民）帮'你'（农技推广人员）来推广'你'的技术"这种旧思维方式，树立"我必须应用'你'的技术"才能发展生产、增产增收的新思维方式，变被动配合为主动参与，积极主动地联系、咨询、求教技术推广机构及其人员，通过各种途径接触、了解农业技术的新进展，根据生产、销售的实际状况，选择采用先进且适用的新技术，来发展生产、发家致富。这样，必将极大提高农技推广工作的效率和科技成果的转化率。

7.3.4　乡土文化

作为基层农技推广机构的石门县柑橘办、柑橘协会，一般将高校、科研院所专家带来的理论、观点看作是一家之言，在经过自己的评判、修正过后才会向农民推广。同样地，农民对于政府、科研机构推广的技术，也不会毫不犹豫地照单全收，他们会做出研判和调整，只有那些与他们常年的技术经验和文化习俗没有太大冲突、能够融通的新技术才会获得认同和接受。对于超出自己认知、过于新鲜的技术，农民会异常谨慎对待，即便采用也会先小范围试产一下，跟现有技术做个对比，再最终决定是否大范围采用该技术。

周建华、杨海余、贺正楚对农户采纳资源节约型与环境友好型技术行为的研究表明：农民通常认为，沿袭下来、约定俗成的耕作经验和技巧必有其存在的合理性，并且在生产实践中也应用它们获得了一定的产量和经济效益，因此让农民放弃已知、认同的农业生产方式，转而采用不太了解、风险不定的资源节约型与环境友好型技术，这必定需要一个过程和一定条件。[①] 高雷对新疆石河子地区膜下滴灌节水技术采纳进行了研究。[②] 新疆石河子水资源极其匮乏，当地农民最大的期望就是农业生产灌溉用水能够得到保障，因此他们高度重视水资源的供给、使用，产生了节约、保护水资源的文化传统。膜下滴灌节水技术的两个特点，即节水和增产，正好符合当地生产需要，也顺应了节约、保护水资源的文化传统。膜下滴灌技术实质上并没有改变传统耕作技术，而是顺应了传统耕作技术并对其稍加改进。当地农民都有大水漫灌、渗灌的经验，也就是说他们对于灌溉已经有了相当的认识和实践，膜下滴灌技术并不是陌生技术，向他们推广膜下滴灌技术时，他们可以在自己的知识、经验体系里找到相关的支撑，所以推广工作进行得较为顺畅。李后建的研究表明，农户采纳循环农业技术有一个内化或认同的心理过程。[③] 一方面，农户会基于自身的认知系统，有选择地接收循环农业技术推广人员提供的信息，内化后形成自己对循环农业技术的看法；另一方面，农户也会留意、观察其他农户采纳循环农业技术的效果如何，如果大多效果不错，就会产生对循环农业技术的认同。袁涓文、颜谦对农户接受杂交玉米新品种行为的研究表明，农户接受新品种有一个从认知到实践的过程，他们会进行自己的生产试验，谋求将现代高产种植技术与传统套种知识的结合，总结出高度适合当地情况的农业生产模式。[④] 农户更容易接受与自己的文化相容性高的新技术，会对这种新技术产生较强

---

① 周建华，杨海余，贺正楚. 资源节约型与环境友好型技术的农户采纳限定因素分析[J]. 中国农村观察，2012（2）：41.

② 高雷. 农户采纳行为影响内外部因素分析——基于新疆石河子地区膜下滴灌节水技术采纳研究[J]. 农村经济，2010（5）：84.

③ 李后建. 农户对循环农业技术采纳意愿的影响因素实证分析[J]. 中国农村观察，2012（2）：29.

④ 袁涓文，颜谦. 农户接受杂交玉米新品种的影响因素探讨[J]. 安徽农业科学，2009（14）：6654.

的亲近感，对于文化相容性低的新技术则会产生排斥或抵制情绪，因此，农技推广人员与农户的交流和沟通，对于研发适合当地的农业技术从而实现更好的推广效果非常重要。[①] 农技推广人员需要了解、掌握一定的地方性知识，只有开展技术服务时恰当采用当地人的思维和用语习惯，才能让农民听得懂、学得会、用得上。[②] 现在的种子、农药、除草剂、营养激素等农用产品，都附有说明书，但用语科学化、书面化，对于农民而言一点不通俗易懂，像计量单位用的是公升、毫升等，不符合农民以斤、两论多少的习惯，农民使用时要进行换算，请教专职科技人员又不方便，只好问问店主或自己回家摸索。一些农用产品在外观上没有多大区别，导致农民经常错用，比如杀虫双（系农药）与草甘膦（系除草剂）的瓶子，其大小、颜色、形状几乎没有什么差异，造成有的农民该用杀虫双时却用了草甘膦，虫没杀死果苗倒死了。可见，一种外来文化要想获得一地群众的接受，必须尽量贴近当地原有文化，最低限度也不能与之存在冲突。新的文化事物如果能与现存文化事物衔接、融通，不会过度扰乱原有的组织、活动，便能比较容易被接受，较少遭遇排斥或抗拒。[③] 一项新技术为了能够较为顺畅地推广，常常会以当地已经广泛采用的技术为引介或诱导进行传播，这种技术推广法称之为"移花接木"法。[④] 农民通常是在他们既有知识经验、价值观念、偏好习惯、实际需要，甚至当地时髦风潮的基础上，形成对于新来农业科技的观感、认识和评价，因而，农技推广人员在推广一项新技术之前，非常有必要了解甚至研究当地的社情民意、文化风俗。技术推广需要实现技术的当地化，技术能否以及在多大程度上当地化，取决于该技术

---

① 朱方长. 农业技术创新农户采纳行为的理论思考[J]. 生产力研究，2004（2）：43.

② 秦红增. 乡村科技的推广与服务——科技下乡的人类学视野之一[J]. 广西民族学院学报（哲学社会科学版），2004（3）：93.

③ 殷海光. 中国文化的展望[M]. 上海：上海三联书店，2002.

④ 姜英杰，钟涨宝. 乡村文化对农业科技推广的影响路径及引导策略[J]. 农村经济，2007（9）：99.

与当地的经济状况、生产习惯、生活方式、社会制度和文化传统等因素的相容情况。何子文、李鹏玉对廊木村采用花豆无公害种植技术的调查发现，花豆作为一种一年生藤蔓作物，需有攀缘用的架子才能生长得好，廊木村农户搭的是长方形的平顶棚架，而邻近廊木村的桂东县农户种植花豆搭的是倒"人"字形的架子，同样都搭了架子，可在廊木村农户看来，他们的平顶棚架就是比桂东人的倒"人"字形架效果更好、花豆产量更高。[①] 在实际生产中，即便农民接受了一项推广的新技术，采用时也不一定会原原本本地按照新技术的要求来做，农民一般会根据自己的经验和理解对新技术进行一定的调整后采用。然而，在我国占主导地位的"自上而下"的农技推广模式中，农民被当作是新技术的被动接受者，他们对新技术进行修正、改良一面往往被忽视了。曹建民、胡瑞法、黄季焜的研究显示，农民并不会百分之百地接受一项新技术，他们会根据个人及家庭的状况、当地的自然地理和既有生产方式等，对新技术进行适当的改变后采用。[②] 农民调适新技术的行为和过程应该引起农技人员的重视，农技人员关注并介入其中，有助于新技术的当地化和农民技术调整更具科学性。因而，需要更新农技推广观念和创新农技推广模式，将农民调适新技术的行为纳入农技推广考虑的问题范围，开辟能够广泛、有效推广新技术的更佳途径。

农民在长期日常活动中，在特殊的自然地理、经济状况、政治体制、社会结构以及意识形态的作用下形成了本地的乡土文化，乡土文化时代积累并且世代延续，潜移默化地融入农民的思想意识和言谈举止之中，成为农民的一种性格和惯习，左右着农村生产、生活的方方面面。作为农民活动的一种传统和环境，农业科技推广当然无法置身于乡土文化之外，只能

---

① 何子文，李鹏玉. 原有耕作经验对农户技术采用行为的影响分析——基于廊木村花豆无公害种植技术采用情况的调查[J]. 中国科技论坛，2006（6）：125.

② 曹建民，胡瑞法，黄季焜. 技术推广与农民对新技术的修正采用：农民参与技术培训和采用新技术的意愿及其影响因素分析[J]. 中国软科学2005（6）：66.

在乡土文化建构的特殊时空中展开，受到乡土文化直接或间接、有形或无形、程度或大或小的影响，二者发生十分密切的关系。[①] 只有结合当地农民在长期生产、生活过程中形成的价值观念、性情倾向、风俗习惯和地方性知识等乡土文化，农业科技推广才能得到农民的积极回应并取得理想的效果。从人的社会化角度来说，家庭、村民、乡村社会传承着乡土文化，乡土文化潜移默化地渗入农民的精神世界，形塑着农民的思想观念、性格情感和诉求倾向。农民从事农业生产都是带着一定习惯性的，会自觉不自觉地按照一定的方式方法、规范习俗行事，其内在的文化积淀无时无处不在发挥作用，影响甚至决定了农民的活动结果。一方面，由于经济社会的发展，乡土文化中存在一些过时、糟粕的内容，会妨碍农民接受新思想和采纳新技术，这一问题需要引起农业科技推广人员的重视并采取一定的策略、措施加以改变。另一方面，农民长期生产、生活于本地，极其了解本地自然、经济、社会各个方面的具体情况，在此基础上形成了适应的生存发展策略和生产生活方式，积累了丰富的有关生产技能和价值评判的"地方性知识"，这些地方性知识具有一定的合理性，需要农业科技推广人员认真调查研究并充分挖掘吸收其中的科学成分。

一个地域长期形成的传统文化对当地人的影响往往是全方位的和根深蒂固的，在传统文化的长时间浸染之下，人们的思想和行为不会轻易发生改变，而在传统文化尚未丧失对人们的支配力和指导力以前，它是影响人们活动的一种实际存在的力量或背景。[②] 在乡村社会，传统文化习俗构建出一个布迪厄所谓的"场域"，任何外来文化事物来到乡村社会，就进入这一"场域"，就会受到其中特定社会关系和经验规则的规制，外来文化事物只

[①] 姜英杰，钟涨宝. 乡村文化对农业科技推广的影响路径及引导策略[J]. 农村经济，2007（9）：97.

[②] 姜英杰，钟涨宝. 乡村文化对农业科技推广的影响路径及引导策略[J]. 农村经济，2007（9）：99.

有在服从、对接"场域"文化逻辑的前提下，才会获得当地人的认同和接受，也才能形成自己的合法权威以及在当地落地生根。乡土文化大致分为观念文化、行为文化和乡土知识系统。农村观念文化是农民、农村社会的持久性信仰，表现为对某一种行为方式的偏爱，并且它对农民行为产生一定程度的规范作用。农村观念文化提供给农民评判是非、辨别真伪、分清美丑的标准，也影响着农民对保留什么、学习什么、接受什么的认识和决策。农民的技术选择行为都是在观念文化的指导下进行的，不同的观念文化导致不同的技术采纳倾向。农村行为文化通常是一种具有传统性的行为文化，这种文化要求农民遵循世代相传、基于血缘地缘关系的习俗来行事。农民将行为文化内化于心之后会形成某种既定的感觉体验反应，新技术如果切合农民的感觉体验就容易被接受，如果异于或超出感觉体验则会遭到抵制、拒绝。农耕传统文化和宗教传统文化是与农业技术创新、推广关系密切的两种农村行为文化。在农耕传统文化深厚的农村，农民往往会忠于传统，排斥、拒绝新技术，除非新技术能跟当地的农耕传统文化实现很好的对接、融合。宗教传统文化对于农民的家庭、教育、生产、商业各方面也发挥着重要影响，所以新技术的特征和推广策略还必须符合或接近农民崇尚的宗教意义。乡土知识系统是农村经由长期生产、生活实践积累起来的传统知识和经验体系。乡土知识系统对农业技术的创新和推广影响重大，可以说农民会基于自身及本地已有的知识和经验对每一项外来的技术进行审视、评估。一项新技术被农民接受的过程，就是农民将它这种"新酒"装进农民已有的知识和经验这个"旧瓶"的过程，如果新技术与农民已有的知识和经验冲突、不合，哪怕这种技术多么先进和多么有效益，这项技术也很难在当地推广开来。

在农业技术推广过程中，乡土文化会对现代农业技术进行"调适"，这有助于其推广。[①] 一是乡土文化对现代农业技术的拟合作用。传统农耕文化是乡土文化的主要组成部分，其中包含了如选育良种、精耕细作、注重农时、加工储藏、地域特色等大量技术内容，是传统农业技术的结晶。现代农业技术与传统农耕文化的拟合有助于农业技术推广的有效开展。在选择农业技术推广项目时，要充分考虑到项目与传统农耕文化的适合、对接，项目匹配传统农业技术和适应当地生产经营模式的程度决定了推广目标能否实现及传播范围的大小和应用时间的长短。现代农业技术也能移植、吸收传统农耕文化中的合理、当地元素，从而更好落地生根。二是乡土文化对现代农业技术的组合作用。现代农业技术要为农民所实际运用，必须分解成一系列的操作程序和步骤，农民会根据自身价值判断、知识经验、行为方式等情况，对这些操作程序和步骤进行筛选，所以现代农业技术能否与推广对象的采用行为合拍十分重要。当推广技术与当地农业生产中劳动力分工结构相适应时，推广工作才能取得良好的效果。而不同农村的劳动力分工情况，什么样的劳动力在什么时候从事什么样的生产活动，劳动量有多大，劳动过程有什么特点等，受到当地文化的深刻影响。这就要求在农业技术推广中认真调查和分析一个地区劳动力的社会分工，其中不同性别、年龄和受教育程度群体的特点，选择和确定适合的技术推广对象，使得推广技术的特点与实际生产中的劳动力状况相吻合，增强技术推广的针对性。[②] 三是乡土文化对现代农业技术的融合作用。现代农业技术应用于实际生产以后，会逐渐进入农民的头脑和行为，影响到农民生产、生活的方方面面，最终融入乡土文化并促使乡土文化的更新、转型。总而言之，乡土文化蕴含着生长于斯、生活于斯的农民需要什么、习惯什么、信赖什么、喜好什么的所有内容，从而决定着他们对外部信息的了解、认知、认同和

---

① 姜英杰，钟涨宝. 乡村文化对农业科技推广的影响路径及引导策略[J]. 农村经济，2007（9）：97.

② 李欣然，杨萍. 重视农业科技推广中的民俗因素研究[J]. 农业现代化研究，2005（06）：473.

接受情况，当然也直接或间接影响到农业技术推广的过程效率和最终成效。

在传统社会向现代社会的急剧转型过程中，地方性知识体系和现代性知识体系共存于乡村社会。现代性知识体系有着丰富的科学知识财富，对于它通过技术和组织手段来克服问题的能力深信不疑，通常以变更自然为目标和手段；而地方性知识由经验积累而成，靠的是人力及初级的劳动工具，往往注重对自然的顺应及与自然的协调。① 现代性与地方性两类知识的异质性容易引发二者之间的冲突。现代技术总是与现代性的知识相伴随，实践表明，现代技术浸入某一社区，往往有着相应的知识变革，并引起当地组织、制度等文化上的系列变迁，这就是人们常说的"现代化"。很多事实说明，此种"现代化"不只是劳而无功，而且使得当地人的生存陷入危机，多姿多彩的文化日渐消失。② 在现代性与地方性知识的关联性上，多数人类学家持"中和"的态度，认为地方性和现代性是同步的，具有互补性。③ 在科学实践哲学看来，科学知识的本性就具有地方性，一切科学家的实践活动都是局部的、情境化的，是在特定的实验室内或特定的探究场合的，从任何特定场合和具体情境中获得的知识都是局部的、地方性的。看似具有普遍性的知识其实质都是地方性知识被标准化的结果，对于我们更重要的是，通过不断地跨地域、跨文化的沟通与交流来达到彼此知识间的相互理解。④ 尤其农业是"地方性的艺术"，任何已有的科学数据都必须根据地方特性进行非常细心的经验和修订，每一隅土地都是独特的，要想耕种一块土地，首先要对这块土地有深刻的了解，这仍然是现代科学无法取消的一种束缚。⑤

---

① 威廉·A. 哈维兰. 当代人类学[M]. 王铭铭，译. 上海：上海人民出版社，1987：504.

② 秦红增. 桂村科技：科技下乡中的乡村社会研究[M]. 北京：民族出版社，2005：127.

③ 周大鸣，秦红增. 人类学视野中的文化冲突及其消解[J]. 民族研究，2002（4）：30–36.

④ 吴彤. 复归科学实践——一种科学哲学的新反思[M]. 北京：清华大学出版社，2010：110–114.

⑤ 孟德拉斯. 农民的终结[M]. 李培林. 北京：社会科学文献出版社，2010：42.

农业科技创新不可避免会涉及现代性知识与地方性知识两类知识。现实情况是，农业科技创新的各种主体往往未能很好处理这两类知识的关系，厚此薄彼走极端，由此造成现代性知识与地方性知识的对立和冲突。一种情形是对地方性知识无视或无知，一味强调用现代性知识和技术来武装、改造农村，无视农村本地知识和技术的存在，认识不到它们的合理性和应用价值。另一种情形是过分相信、仰仗地方性知识，排斥现代性知识和技术，拒绝跟进经济社会变迁，因循守旧。在当今中国由传统向现代的社会转型过程中，现代性知识与地方性知识并行共存，彼此间难以清晰地划界或分离，二者交集和碰撞不断，也不简单表现为现代性知识对地方性知识的线性替代关系。只有通过现代文明与乡土文化、科学理论与地方经验之间的平等对话和交流，才能促成现代性知识与地方性知识的对接、互补，实现农业科技创新和推广的双赢局面。农业科技研发需要现代性知识与地方性知识的互助。农业科研部门、科技人员和农业生产组织、农民都有进行农业科技研发，但他们通常各行其是、互不往来，由此构建出现代性农业知识与地方性农业知识两类界限分明的知识体系。事实上二者都有其局限性，无论农业科研部门、科技人员还是农业生产组织、农民，他们的研发活动都是在特定的实验室或特定的农田开展的，因而都是局部化、情境化的，所形成的知识和技术都只适用于特定场合中和具体条件下。后来知识和技术具有的普遍性是科学家转译的结果，而转译的成功有赖于现代性农业知识与地方性农业知识的综合、互补，从而能够超越各自的局限性，不断增强解释力和拓展适用范围。农业科技扩散需要现代性知识与地方性知识的对接。农业科技扩散的效果，不仅取决于现代科技和设备的先进性及其可能产生的经济效益，而且受制于当地农民的思想观念、文化程度、生产生活方式。只基于前者情况进行的农业科技扩散，往往不能取得预期成效，甚至成为破坏当地农业生产、农村社会和农民生活的灾难。只有在农业科技扩散中将二者的情况加以考虑，才能事半功倍，扩大扩散的范围和提高扩散的速度。农业科技应用需要现代性知识与地方性知识的结合。一方面，农业生产是"地方性的艺术"，每一块土地都是独特的，要想耕种好它就需要对它有深入、具体的了解，这是现代农业科技应用于一地必须跨越的门槛。地方性农业知识高度对应土地情况，现代农业科技贴近、符合土地情况的一个有效途径就是根据地方性农业知识对自身进行一定的调整和修订。另一方面，地方性农业知识来自农民对先辈们长久固定的生产活动积累的经验、技术的传承，在现代社会自然条件、农产品需求、农业产业结构等发生巨大且快速变化的情形下，农民必须懂得应对各种各样的农业生产问题，这促使农民不能再满足于掌握只对应于某一具体情况的经验、措施，而需要了解更具普遍性的现代农业知识。

7.3.5　采纳技术的心理

农业技术推广的对象是农民，其成效最终取决于农民是否采纳以及多大程度上采纳推广技术。因而开展农业技术推广工作，一方面当然必须健全农业技术推广体系，创新农业技术推广体制机制，增加人财物投入，提高推广人员的素质等等，另一重要方面则是必须紧紧围绕农民做文章，其中就包括通过了解、分析农民的生产经营观念和对于农业技术推广的心理反应，采取有效措施，更新农民的观念，提高农民的文化，促进农民的现代化发展。农民因为自身经济状况、经营条件、社会经历、教育水平的不同和所在区域自然环境、政治氛围、风俗习惯、宗教信仰的差异，对于农业技术推广表现出各种各样的心理和行为，这些心理和行为既有一些是相似的，也有一些是特别的。

有研究归纳出我国农民面对农业科技时的七种心理现象[①]。第一种是渴

---

① 康涛，康松，何艳玲，秦燕江，刘江毅. 试论贫困地区农民采用科学技术的心理特点[J]. 农业技术经济，2001（6）：279.

求心理。农村以家庭联产承包责任制为主的经营体制的实行，打开了农民发家致富的大门。农民在解决了温饱问题之后想要进一步发展生产和提高生活水平，在此过程中越来越认识到农业科技的重要性，大多数农民尤其是年轻农民的现代农业生产意识大大增强，他们渴望获得新技术、新信息。农民有的踊跃订阅科技报纸杂志、购买科技书籍、收看科技电视节目、查找科技网络信息，有的积极参加各类科技培训、讲座，有的热情邀请农技专家、推广人员到家里指导生产，有的专门到农业院校去学习、深造，农民的这种渴求心理造就了农业科技推广的广阔农村市场。第二种是农本心理。"以农为本"是我国农民从古至今恪守的信条，虽然随着市场经济的发展和产业结构的变化，农民的这种农本心理有所削弱，但对于中老年农民来说，很多人依旧认为老老实实种地才是自己作为一个庄稼人的"本份"，土地才是自己安身立命之本，搞工商、做服务都只是兼职而已，并不能顶替务农成为主业。以农为本的农民自然重视农业产量和质量的提高，从而愿意学习、采纳先进的农业科技，对农业科技推广工作也会欢迎和配合。第三种是知足心理。以前自给自足的小农经济让一些农民习惯于小生产，形成了知足常乐的生活态度，致使他们的眼睛只盯着家里的那一亩三分地，对生活的要求不高，一辈子的奋斗目标也就是"种好几亩田，养好几头猪，盖好新瓦房，操办好儿女的婚事"。他们在解决温饱问题后，对更美好的生活不做什么期盼，从而缺乏扩大生产经营规模和提高生产经营效益的热情，也就缺乏对现代农业科技的需求，农业科技推广于他们而言是不相干的事，这大大延缓了农村科技进步的步伐。第四种是守旧心理。经验于农民而言具有至关重要的地位，他们在生产生活中相信并依赖经验，日常行为也囿于经验。对于经验中的成功做法，农民会口口相传、津津乐道；对于经验中的陈规陋习，农民不敢轻易质疑，不愿轻易抛弃；对于经验中没有的事物，农民通常就会持怀疑态度，很难相信，更不愿意接受。这种固守传统、排斥新事物的守旧心理形成了农民采纳新科技的一道严重障碍，使得农民在农业生产上因循守旧，不敢尝新，不求创新，长时间停留在传统农业生产状态。第五种是求稳心理。靠天吃饭的农业特点、难以把握的市场变化、脆弱的家庭生计、狭小封闭的生活圈子使得农民形成了求稳怕变的心理。农民开展生产经营活动，习惯于按部就班、稳扎稳打，他们会尽其所能地排除风险、减少变化，因为风险和变化对他们单薄的生产生活基础构成巨大威胁，由此导致的生产经营失败是一般农民家庭很难承受的，甚至连温饱生活也不可保。正因如此，农民在是否采纳新科技问题上就表现得谨小慎微、思前想后、左顾右盼，对于那些先进程度高但推广时间短、经济效益好但潜在风险大的新科技更是不敢问津，这给农业科技推广工作带来很大困难。第六种是从众心理。许多农民害怕风险，在生产经营上追求"安全第一"，相应地在采纳新技术上就表现为随大流的从众行为，这给予他们心理上的安全感。这样一来出现了两种情形：一种是在一项新科技没被多少人采用时，尽管自己对它有所认识和有一定把握，也不敢率先采用，总感到自己势单力薄，难以承受独自承担风险的压力，甚至产生自我怀疑、自我否定，致使下不了采用新科技的决心；一种是看到大家一哄而上采用一项新科技，哪怕自己没有多大兴趣，或是对它并不了解和认同，或是自己并不具备采用它的足够条件，由于相信众人的选择应该是不会错的，并且怕遭人笑话、被人孤立，就也随大流了。农民的从众心理，农业科技推广如果利用得当，有利于新科技的迅速扩散，但因为多数人采用新科技的决策并不是基于理性认识、判断做出的，其采用行为极有可能之后会出现反复和不可持续。第七种是现实心理。农民的文化教育程度相对较低，他们判断、评价一项新科技的好坏优劣，通常不是依据科学理论，而是根据实际生产效果。很多时候，农民因为看到村民采用一项新科技后产量提高、收益增加就接受了它，也会因为村民采用效果不佳或不够明显而完全否定一项新科技。受现实心理的支配，农民信奉"耳听为虚，眼见为实"，只愿相信自己亲眼看见的尤其是发生在身边的例子，不会轻易相信书本、资料，哪怕对于农业科技专家、推广人员的话也是半信半疑。因此，在农业科技推广中科技示范园区、早期采用者的生产经营状况显得特别重要，其效果如何直接影响到农民对一项新科技的认知和采纳决策。现实心理也导致农民只顾眼前利益，不管长远发展，在生产经营上表现出急于求成、急功近利的短期行为，从而对具有长期经济效益但短期效益不明显或经济效益不高而社会、生态效益高的新科技不感兴趣，导致此类新科技推广困难。

心理特点不同，农民的技术采纳行为也就不同，大致包括五种行为 [①]：一种是经验型排他行为。长期以来，受自然经济模式和闭塞地域生活的影响，农民生产、生活仰仗的都是世代相传、经久不变的经验，他们异常珍视这些经验并极力保护它们不被冲击和否定，从而维持生产、生活的稳定进行。传统经验虽然具有一定的实践合理性和朴素科学性，但造就了农民根深蒂固的小农思想意识，使得农民普遍对外来事物抱怀疑甚至敌视态度，自然而然地表现出拒斥先进农业科技、新型生产方式和现代管理模式的行为。一种是短视型实惠行为。一项农业新技术从应用于生产到产生经济效益，都有一个过程，这里既有农产品生产周期的原因，也有对新技术掌握、运用的原因。许多农民看重的是短期实惠，对于没能在短时间内产生经济效益或者达到农民期望效果的新技术，不论青红皂白一概加以拒绝，没有耐心采用那些具有长远且重大经济效益的新技术。一种是谨慎型从众行为。在落后生产方式、低下教育程度和脆弱家庭生计的影响下，绝大多数农民待人接物表现得思想保守、谨小慎微。农民面对农业新技术时也是如此，这一点从他们采纳新技术一般经历的三个阶段可以看得很清楚。当一项新技术开始在本地试验时，农民基于好奇会关注，但心存怀疑、敬而远之；当试验取得不错效果，有一些农民先行采用后，大多数人虽然对此项新技术的性能和效用有所认识并且产生正向评价，仍然会犹豫不决，继续观望

---

① 杨大春，仇恒儒. 农民接受新技术的心理障碍[J]. 农业经济问题，1990（10）：63.

而不是马上跟进采用；只有当此项技术被周围越来越多的人采用，其效用得到更多证明后，多数农民才会彻底放下疑虑，一窝蜂地加入进来。一种是盲目型过急行为。少数农民存在这种行为，又可分为两类情形。一类是不甘继续贫穷生活，极其渴望发家致富的农民，他们对于农业技术推广是热烈欢迎、积极配合，期望通过采纳农业新技术能够一朝翻身过上好日子；另一类是有一定文化知识，见过一定世面，有理想抱负的青年农民，他们学习能力很强，思想比较解放，喜欢尝试新兴事物，勇于最先采纳各种农业新技术，不怕失败。这两类农民具有共同点，就是过于乐观地估计采纳农业新技术的效果，对于具体一项新技术的应用条件、存在风险往往不加理性、周全的了解和考虑，对于各种新技术来者不拒、照单全收，也不管是否适合自身情况，最终容易导致技术采纳失败或是效果差强人意，反而不利于农业技术推广的开展。一种是迟钝型麻木行为。有不少农民对农业技术推广漠然置之、无动于衷，其中有的是因为文化低、见识少，难以理解和接受新技术，有的是因为主要从事的是工商业、服务业，农业只是副业，没有采纳农业新技术的动力，有的是因为不思进取、安于现状，不愿劳神费力去学习、应用新技术。

　　既然农民的心理特征对农业技术推广有着重要影响，了解农民的心理并对其进行正确引导就是农业技术推广的一项需要重视的工作。[①] 家庭联产承包责任制的实行，市场经济向农村的渗透，使得农业技术推广的体制、方式也发生重大转变，那种传统的由政府决策并通过行政命令自上而下施行的农业技术推广模式已经难以为继。现在，农民各家各户都是独立经营、自负盈亏的市场主体，种什么，怎么种，是否采纳农业新技术，完全自己说了算。对于一项先进、高效的农业新技术，为什么农民不采纳呢？是一

---

① 　康涛，康松，何艳玲，秦燕江，刘江毅. 试论贫困地区农民采用科学技术的心理特点[J]. 农业技术经济，2001（6）：22–23.

地所有农民都不采纳还是部分农民不采纳？是一地农民不采纳还是多地农民都不采纳？只有了解不同群体、不同地区农民的心理特征，才能有针对性地开展农业技术推广工作。农业技术推广要取得好的成效，必须以农户为本，不能光靠技术过硬、能产生良好的预期效益，还要摸清不同农民群体的心理特征，对农民的技术采纳行为进行激励、引导、纠正。对于目前许多农民在采纳农业新技术问题上表现出来的种种心理障碍，农业技术推广机构及其人员必须加以重视并设法解决，比如加强科普教育，办好农村科技示范基地，指导支持好科技示范户等等，从而提高农民的科学种田、现代农业意识，加大农业技术推广的广度和深度。例如，风险偏好心理对农户技术采纳行为影响显著，风险厌恶程度越高的农户技术采纳的可能性越低，风险厌恶程度越高的农户技术采纳的时间越晚，农业技术推广工作需要对此进行调控。[①] 首先，政府应该积极推动发展契约农业，尤其是龙头企业主导的契约农业，为其提供资金、税收优惠政策和技术支持、信息服务。契约农业可以降低农户面临的风险，农户参与契约农业可以有效缓解风险厌恶程度对其技术采纳行为的抑制作用。其次，相关部门、机构要为农户提供尽可能充分的技术信息、信贷资金以及培训服务等，增加农户对技术的了解，增强农户应对风险的实力。第三，不断推进农业保险体系建设，建立农业风险规避的强大后盾。

[①] 毛慧，周力，应瑞瑶. 风险偏好与农户技术采纳行为分析——基于契约农业视角再考察 [J]. 中国农村经济，2018（4）：87.

8 结 语

农业生产技术向产业技术转化，通过各种方式得到推广，进入到农业生产过程，在生产中大规模应用，必须经由农户的技术决策、采纳行为才能实现。农业生产是一种技术、社会集合作用的活动，技术、经济、政治、文化等多方面的因素渗透其中，推广人员、公司、政府和农户等相关群体进行着复杂的互动，农户是积极的"能动者"而不是消极的"受动者"。事实证明，忽视农户技术需求、对农户技术采纳行为缺乏了解，造成的情况是创新人员、推广人员认为先进、适用、经济效益高的技术在实际生产过程中推广起来却是困难重重、推广效果不佳。本书探讨了农业技术社会化过程中农户的技术采纳行为，分析了农户采纳技术的主要决策事项、重点影响因素，最后形成了农业技术社会化论、以农户为本的技术采纳论，以及以农民合作社为重要中介的技术推广论。

8.1 农业技术社会化论

农业技术社会化就是农业生产技术向产业技术转化，通过各种方式得到推广，进入到农业生产过程，在生产中大规模应用的过程。生产技术指的是设计、试验或挖掘、整理出来的，在特定环境、小规模生产劳动中得到应用的技术。生产技术从技术本身来说，是已经完成的、成熟了的技术，它的应用能够产生样品、试制品和小批量生产的产品。然而，对于生产系统而言，技术上已经成形的生产技术仅仅满足了生产的技术可能性，并不意味着它就能够进入到现实生产过程之中。产业技术才是真正能够进入生产过程的技术，它是生产技术经过与其他技术的匹配从而实现系统化整合的技术形态，是生产技术经过经济核算从而具有经济可行性的技术形态，是生产技术经过制度规约从而获得合法运行资格的技术形态，是生产技术经过文化涵纳从而成为文明进步事物的技术形态，其应用能够产生大规模生产的产品和市场上广为消费者接受的商品。

农业技术社会化有一个过程，与农业技术推广进程形成对应。农业技术推广进程具有明显的规律性，一般要经历突破、紧要、跟随和从众四个阶段。第一阶段是突破阶段，某项新技术在开始推广时，往往只有少数农民会采用，这一部分农民是采用新技术的先驱者。第二阶段是紧要阶段，如果先驱者采用新技术取得显著成效，少数农民就会模仿采用，这些农民成为新技术的早期采用者。第三阶段是跟随阶段，在先驱者、早期采用者成功经验的激励下，农村中多数农民就会加入进来，农业技术推广速度加快，范围扩大，这批农民是新技术的早期多数者。第四阶段是从众阶段，当新技术的扩散已经形成一股势不可挡的风潮时，农村中剩下的少部分农民，也会"随波逐流"，被周边的人推动着采用新技术，从而该项新技术就在整个乡村地区传播、应用开来。当农业技术推广到达第三阶段跟随阶段时，生产技术已经转变为产业技术，技术社会化完成。

农业技术社会化必须经由农户的技术决策、采纳行为才能最终实现。那么，农户采纳技术的主要决策事项、重点影响因素是什么？农业技术由生产技术向产业技术转化所要经过的环节有哪些呢？通过对两个极端案例的现场调查，技术社会化失败的马家湾村垫料养猪技术和技术社会化成功的石门县柑橘密改稀技术，最终确定农户采纳技术的主要决策事项为：划算吗？先进适用吗？补助服务跟得上吗？符合文化习惯吗？与此相对应，农业技术由生产技术向产业技术转化所要经过的环节为：经济效益的计算；

技术属性的判断；补助服务的激励；文化习惯的融合。从而可以发现农业产业技术具有的四个特征：

第一，农业产业技术是竞争性技术。农民会针对一项农业技术的市场前景和成本进行分析，如果此农业技术没有带来农民预期的经济收益，农民不可能采用，产业技术是经过选择、淘汰剩下来的技术。因此，农业技术转化为产业技术要经过经济核算，要针对采用该技术所需的原材料、人力和资金投入进行成本预算，同时，还要对预期销售收入进行测算。首先，如果没有经济核算，农业技术不可能进入产业，无法成功转化的技术不见得不好，可能因为用起来成本太高。正是基于经济核算，所以现实中起作用的农业技术可能并非最优的农业技术。其次，推广人员、公司、政府和农户分别从各自的角度对农业技术进行经济核算，致使他们在经济利益问题上既有共同之处也有矛盾冲突，推广人员、公司、政府认为有经济效益的农业技术可能并不能让农户感觉经济上会受益。

第二，农业产业技术是系统性技术。一项农业技术只有做到很顺利地实现新旧技术之间的替代、交融，很紧密地实现与其他技术的匹配、契合，形成稳定的技术结构关联，并由此改变自身的形态，成为产业技术，才能发挥其作用。在农业技术的系统中，由于各项技术之间的相互联锁和相互依赖，一种技术的变化就可能导致技术间的不平衡。这种不平衡产生的"张力"，会引起技术之间的连锁变化，成为技术进步的内在动力。在农户采纳技术过程中，一方面，新技术的产生总是以既有的技术系统为条件，受其制约，在其基础上得以应用；另一方面，新技术也会对既有的技术系统施加影响，或者完善了既有技术系统，提高了技术的效果和效率，或者作为一种异质的因素，变革甚至瓦解、替代、发展出新的技术系统。

第三，农业产业技术需要扶持。农业技术的推广，除了考虑技术本身能产生多大的经济效益外，更重要的是要考虑其可能带来的长远的和宏观的经济与社会综合效益。推广初期，农业技术的经济效益可能不高甚至较低，而农户看重经济效益，而且比较看重近期的经济效益，并以此单项指标作为自己采用与否的指南。从农业技术所能带来的社会综合效益考虑，政府非常有必要对其采纳进行补助。到目前为止，我国已经形成了一套包括传统的农业推广系统在内的层次不同、目标和功能各异的多元化、专业化、产业化和网络化农村科技服务体系，各种组织形式不断涌现，多样化的农业技术服务模式逐渐形成。但是这些组织的覆盖面仍然很有限，很多组织运行很不规范，在农业技术服务方面还不能完全满足农户的需求，相关工作需要进一步加强和完善。

第四，农业产业技术受到文化的很大影响。产业技术内含一定的文化意味，并且技术的体系化、系统化程度越强，技术结构关系越复杂，其文化属性也就越强。这是因为，农业生产技术的演化过程中，其质的规定性要经过"文化形塑"。第一，农业生产技术的研发、引进必须考虑文化适应问题。一项生产技术尤其整套生产技术的研发、引进，不仅影响到原有的技术体系，而且对农业生产技术相关群体的生产、生活、行为、观念都会产生较大冲击，可能引发一定程度的文化冲突。第二，相关群体尤其农民的文化水平越高，对农业生产技术的理解越多，他们就越支持技术的研发、推广。相关群体尤其农民所掌握的农业生产技术方面的文化知识以及对技术所持有的态度，一定程度上决定着文化冲突的状况。第三，相关群体尤其农民在长期的生产实践中，积累了有关农业生产技术的丰富而实用的经验，形成了与科学文化相对应的地方性文化。农业生产技术的地方性文化对于技术的研发、推广具有一定价值，它们甚至能够在具体的农业生产方面发挥重大作用，它们与农业生产技术的科学文化互补或者相互竞争。农业生产技术的研发、推广只有结合相关群体尤其农民的地方性文化才能更好地获得信任和支持，研发人员、推广人员不能只采取一种自上而下的方式向采用者传播农业生产技术，也应该与采用者进行更多的沟通和协商。

8.2　以农户为本的技术采纳论

农业技术采纳系统由三个子系统构成，即以科研人员为主体的研究系统、以推广人员为中心的推广系统和以农户为核心的应用系统，三者联动一体。研究系统是农业技术及农业知识、信息的生产者，其运行成效取决于科研人员的科技创新水平和所掌握的可用于科技创新的资源数量。科研人员是研究系统的关键因素。农业科技创新活动的高效开展，一方面需要科研人员充分发挥自身人力资源的作用，另一方面有赖于外界给予科研人员足够的经济、社会资源，没有政府、市场和社会的支持，科研人员只能是"巧妇难为无米之炊"，科技创新困难，无心且无力于科技成果转化和科技推广。推广系统是联结研究系统与应用系统的中介环节，推广人员是其主导力量，他们是促成农业科技成果应用于生产实际的"二传手"。推广人员在科技创新与科技推广之间搭建起双向互通互促的桥梁，既将农业科技成果传播给农民，提高农民科技素质，促进农业现代化，也将农民的经验、农村的情况传输给研究人员，有助于科学研究和成果转化。推广人员的数量和质量影响到推广系统的运行成效，而农业技术的适用性、推广手段的有效性、经济资源（资金和物资）和社会资源（同农户、相关部门关系的紧密程度）的可得性相当大程度上决定了推广人员作用的发挥。应用系统的主体是农户，农户是农业科技成果的使用者和检验者。应用系统的运行涉及农户对农业科技的获取以及对自身、社会资源禀赋的支配和管理，运行效率的关键影响因素是农民的条件和能力。三个子系统围绕着农业技术展开互动，相互促进又相互制约，互动状况以及形成的关系最终决定了农业技术采纳的效果，它们日益整合的过程也就是农业技术推广体制、机制构建起来的过程。[①] 三个子系统有联系也存在差别，具有不同的需求，设定

① 毛丽玉，郑传芳. 农业推广系统中农民参与的利益整合机制分析[J]. 福建论坛（人文社会科学版），2012（4）：36.

了不同的运行目标优先顺序。当三个子系统的运行目标优先顺序一致或接近时，能够很容易地整合在一起，从而促成生产技术向产业技术的顺畅转化，形成农业技术推广的合力；如果三个子系统的运行目标优先顺序完全不同或相差较大，它们就很难产生紧密关联，而会处于各行其是甚至经常冲突、抵触的状态，相关利益主体缺乏有效的协同、有机的整合正是当前我国农业科技成果转化率低和技术社会化无法顺利实现的症结所在。

农户作为农业生产经营活动的基本单位，是农业技术采纳的核心环节，农户对农业技术的应用是农业技术采纳系统运行的终极目标，研究系统和推广系统的价值和成效需要通过农户的技术采纳情况来显现。在市场经济体制下，农户成为生产经营活动的独立主体，自主决定生产什么、生产多少，相应地，农户也会根据自身的需求和条件自主决定是否采纳一项农业新技术，农户采纳农业技术的速度和程度是衡量农业技术创新、推广成效的最终指标。农业技术成果只有被农户接受、消化并应用于实际农业生产，才能转化为现实生产力，实现其经济、社会和生态价值，促进农业、农村和农民的发展。因而，农业技术推广需要以农户为本，把握农户的具体情况，尊重农户的特殊想法，关切农户的重大利益，离开农户来谈农业技术推广便成了无的放矢。[①] 这就意味着在农业技术采纳系统运行中：一是要优先考虑农户的利益，科研人员和推广人员应当是在服务农户、满足农户利益的过程中获得自身的利益，而不能将自身利益超前于、凌驾于农户利益之上，不然农民就只会是被动地而不是主动地参与农业技术推广活动；二是紧扣应用系统这个农业技术采纳的落脚点，明确农业技术推广的方向和内容，不断提高对应用系统的引导和改造，使得投入的人力、物力和财力能够发挥出应有的效用；三是科研人员和推广人员要经常反思和调整自己

---

① 毛丽玉，郑传芳. 农业推广系统中农民参与的利益整合机制分析[J]. 福建论坛（人文社会科学版），2012（4）：38.

的知识、态度和行为，不能面对农民摆出一副高高在上的姿态，而应客观看待农民的知识、态度和行为，真心实意地为农民服务，既要改变农民，也要向农民学习；四是将农业技术采纳的最终决策权赋予农民，科研人员和推广人员要做的是开展各式各样的咨询、培训、指导活动，尽可能为农民的决策提供科学、充分的知识和信息，提高农户决策的水平和效率，降低农户独自面对技术变革和市场变化可能出现的风险，避免由此可能造成的重大损失；五是要重视将分散的农户组织起来以实现农业技术推广效应的最大化。发展现代农业要求集约化、规模化、标准化生产经营，这就需要通过一定的组织形式和运行机制将散户整合起来，融合其利益，统一其行为，发展集体合作经济。农民合作组织是农业技术推广的理想对象，能够充分展现先进农业技术的效用。在建立农民合作组织的过程中，需要注意保护农民的合法权益，让农民真正享受到集体合作经济的好处。

但现实中又恰恰存在此种情况，农业技术推广的研究、实践工作缺乏对农户的足够了解和重视，没有弄清楚很多重要问题。比如：农户的技术需求是什么？他们的技术学习能力怎样？他们拥有哪些应用技术的条件？他们的思想观念、心理行为具有何种倾向？阻碍他们采用一项新技术的深层次因素到底是什么？等等。不清楚这些问题，也就无法保证农业技术推广达到预期效果。如何改变这种状况呢？一是科研人员对推广人员、农民和推广人员对农民，需要建立平等交往关系，努力在心理上克服因地位、角色、作用差别带来的盲目优越感，特别是要尊重农民的价值观、情感、权利和生产生活方式；二是科研人员、推广人员要充分认识传统文化、乡土知识的现代价值，注意挖掘、吸收、提升农民的本土生产经验，虚心向农民学习；三是要搭建便捷的互动平台和建立有效的沟通机制，形成农业技术推广共同体，科研人员、推广人员和农民能够互通互学互促，推动现代文明与传统文化、科学技术与乡土知识的交流、融合，既促进农业科技创新活动，又增进农民对农业新技术的理解、接受和应用。

综上所述，农业技术采纳需要以农户为本，构建并不断完善包括研究系统、推广系统、应用系统的协同联动的农业技术采纳系统。那么，农业技术采纳系统在实际运行中如何落实以农户为本呢？

第一，以农户的资源禀赋为本。[①]想要农民真正认同、接受农业新技术，推广人员不仅要熟悉技术，也要了解农民的内心世界。要把握农民的价值观念、情感、习性、诉求，尤其要研究、认识农民采纳农业技术的心理、行为规律，这就需要推广人员与农民进行充分、有效的沟通。再基于不同农民群体的心理、行为特征采取有针对性的推广策略、方式和工具，满足农民的利益需要，激发农民采纳农业技术的意愿，提高农业技术提供的成效。农业技术推广必须承认农户的生产条件存在差异，农户的经济水平、职业状况、受教育程度等都会影响他们采纳农业技术的决策。因此，农业技术推广需要考虑农户能否承受技术采纳的成本和风险，是否将农业生产作为主要生活来源，是否存在理解、消化、应用新技术的困难，不是简单地向农户推介农业新技术，还要为农户能够采纳农业新技术提供经济、市场、文化等方面的服务，帮助农户跨越技术采纳的障碍，能够真正用得上农业新技术。

第二，以农户的主体地位为本。[②]长期以来，我国农业技术推广基本上都是以推广人员为主，农民则处于被动接受的地位。这种自上而下决定农业技术传播、采纳状况的模式，引发了很多问题：有的推广人员根本不管农民有什么需求和想法，通过行政途径，强迫农民绝对服从上级指令和无条件接受推广技术；有的推广人员自认为手中掌握了农民需要的农业技术及配套资源，便在农民面前摆起架子，以领导、专家自居，甚至吃拿卡要；有的推广人员将推广活动看成是做公益、做慈善，想当然地认为农民就应

---

① 刘智元，杨勇. 农业推广中以什么样的农民为本[J]. 安徽农业科学，2011（26）：16260.
② 刘智元，杨勇. 农业推广中以什么样的农民为本[J]. 安徽农业科学，2011（26）：16261.

该感恩戴德地接受，当推广活动不被农民理会、不受农民欢迎时，就责怪农民不知好歹，埋怨农民不领情，而不是对推广活动本身进行反思，分析导致推广效果不佳的技术品质、推广方式、采纳条件等方面的原因；有的推广人员在推广活动中缺乏与农民的交流和互动，没有就推广活动与农民达成共识，也没有与农民建立起亲切、信任的关系，在推广人员与农民之间始终隔着一堵墙，大大降低了推广活动的公信力和感召力。事实上，推广人员不可能包办、决定农业技术推广的所有方面，农业技术推广要取得好的成效在很大程度上依赖于农民积极性、自主性和创新性的发挥。因此，推广人员一定要明确自身在推广活动中扮演的角色，认清并落实农户在推广活动中的主体地位。这首先要求确立"一切为了农民发展"的推广理念。农业技术推广是服务于农民发家致富奔小康的。当前农民越来越认识到发展生产、改善生活要靠现代农业、现代农业科技，农业技术推广应当响应农民的美好生活追求和对农业科技的需要，根据农民的具体情况，选择适合的新技术，采取接地气的方式，将农民真正用得着的农业技术送到他们手中，切实促进农民经济收入的提高。其次，要求建立"一切利于农民发展"的模式。自上而下、强制式、洗脑式的农业技术推广模式，越来越不受农民欢迎，不利于调动农民的学习积极性和发挥农民的实践创新性。需要构建包括科研人员、推广人员和农户在内的协同互促的推广模式，让农民在推广活动中不仅应用新技术发展了生产，而且参与了农业科技的研究和开发，提高了文化知识、科学技术水平，向新型职业农民转变。为此，推广人员应当平等、热诚对待农民，多与农民交往、沟通，做到既全面了解农民的诉求和情况，又充分传播现代观念和科学知识，既尊重农民的意愿和经验，又推动农民意识、能力的发展进步，找到双方立场、利益的共同点，让农民心甘情愿地采纳而不是被动窝火地接受农业新技术。推广人员还需懂得"授之以鱼不如授之以渔"的道理，不仅注重传授农民"需要知道的东西"，也要重视教会他们如何自己去总结和研究"需要知道的东西"，培育、增强农民的学习、创新能力。这样农民才能逐渐摆脱依赖传统观念和既有经验生产生活的状态，才能逐渐成长为独立自主的农业技术采纳者而不是被动的农业技术推广对象。

第三，以农户的组织为本。[①] 农民专业合作社正在成为农业技术推广的重要载体。以农民为主体建立起来的农民专业合作社，将分散的农民组织起来，在农业技术推广中能够很好完成"一家一户办不了，社区组织统不了，政府部门包不了"的任务。按照"民办、民有、民管、民受益"原则运行的农民专业合作社参与农业技术推广具有三点明显优势。一是农民专业合作社可以促成技术供给与技术需求的匹配。作为一个由众多农民组成的技术需求和技术应用的联合体，农民专业合作社既可以将成员的技术需求整合起来并集中表达出来，也可以将新技术成果迅速传播给成员。通过农民专业合作社，农技研究和推广机构就能够较为准确地把握农民的技术需求，提高技术成果转化和推广的成功率，避免技术成果出现"滞销"。二是农民专业合作社可以成为农技推广体系的延伸。农民专业合作社内部的生产经营活动是统一的，成员一般生产同一类农产品，其技术需求具有同质性。农技推广人员为众多技术需求一致的农民提供服务时，咨询、培训和指导都能做得更加专业、深入和有针对性，并且能够产生规模效应，大大降低服务成本。农技推广机构甚至可以不必直面农民专业合作社的所有成员，而是将新技术传授给少数负责人和骨干成员，再由他们去扩散，影响和带动其他成员采用新技术。有了农民专业合作社的参与，农业新技术扩散得更快也更广，可以弥补农技推广机构的力量不足。三是农民专业合作社可以降低农民的技术采纳风险。农民由于文化知识水平偏低，接收外部信息不足，导致识别、判断能力不是很强，增加了生产经营活动的风险。

---

① 韩国明，安杨芳. 贫困地区农民专业合作社参与农业技术推广分析——基于农业技术扩散理论的视角[J]. 开发研究，2010（2）：38–39.

农民专业合作社可以促进成员之间的交流、学习，普遍提升农民的科技素质和社会见识，里面的骨干、能人可以传帮带其他成员，提高他们的生产经营水平，从而增强个体农民识别、防范各种风险的能力。农民专业合作社也构筑起了抵御各种风险的组织屏障，外部的技术、信息首先要经过组织的筛选和审查，才会传播给成员，很大程度保证了技术、信息的真实性和有效性，大大减少甚至避免了假冒伪劣产品坑农、害农事件的发生。

8.3 以农民合作社为重要中介的技术推广论

我国实行家庭联产承包责任制后，农业生产经营以家庭为基本单位，以分散形式为主。在此种生产经营状况下，农技推广机构必须直接面对情况各异的万千农户，推广工作复杂、成本高昂，不能形成规模效益，而分散的农户必须各自获取技术信息并做出技术采纳决策，受其文化素质、活动范围、社会联系的限制，他们获取信息技术的可能性低，更无法保证其可靠性，农户为此付出的代价加起来却很大。与此同时，我国农业技术的研究与推广工作一直分属两个相对独立的系统。研究工作主要由农业高等院校和科研院所负责，推广工作主要由农技推广公共服务机构实施。这两个系统各自为战，相互缺乏联系和沟通，相互较少影响作用。这一方面导致研究人员的科研工作和科技成果脱离推广机构的技术要求和农户的技术需求，科研工作耗费大量人财物，科技成果却是束之高阁，不能转变为现实生产力；另一方面造成推广人员较难找到能够促进农业发展的新技术，农户较难获得能够适用、增收的新技术。从而形成了农业科技成果转化率低，农业科技对农业生产贡献率低，农业科技推广"最后一公里"问题难以得到有效破解的局面。

目前，随着农业生产力水平的提高，农业生产关系、经营形式正在发生深刻变革，农民合作社已经成为一种日益重要的新型农业经营主体。农民合作社具有的体量和资源，使得它既可以上联县乡农技推广机构、农业科研院所和高等院校，也可以下联众多农户，围绕新技术的采纳和使用问题，为农业技术研究与推广工作提供了一个交集的平台，有助于提高农业科技创新、扩散和采纳各个环节的成效。

8.3.1 农民合作社更能满足农业技术推广的要求

农民合作社是在家庭联产承包责任制下，由农村同类农产品的生产经营者或者同类农业生产经营服务的提供者、利用者，自愿联合、相互合作、民主管理的互助性经济组织。农民合作社在农业生产资料购买、农产品销售加工运输贮藏、农业生产经营各方面，为其成员提供技术、信息等服务。农民合作社的组织特征使得它比分散农户更能满足农业技术社会化的要求，很大程度上解决了农业技术推广中农民单家独户"干"不了，农村集体经济组织"统"不了，基层农业技术公共服务部门"包"不了，农业龙头企业"带"不了的问题。

农民合作社能更好地计算技术的成本效益。农民成立合作社是为了谋求自身利益的最大化，这就决定了在采纳新技术上，农民合作社必将代表农民利益，会以农民需求为导向，选择符合农民技术需求和适合农业生产实际的新技术。合作社中的生产大户或购销大户可以发挥自己技术经验足、市场信息灵、销售渠道稳的优势，率先尝试和检验新技术，然后引领其他社员采纳经济效益好的新技术，从而更新社员的农产品种类，提高社员的农产品质量，生产出质优价廉、适销对路的农产品，确保获得稳定、增长的经济效益。在合作社的组织管理下，以前农户分散的生产经营活动变为现在统一的生产经营活动，以前由农户面对市场变为现在由合作社面对市场。合作社将社员的人力、物力、财力集合起来，维持和扩大生产经营的可能性增加了，抵御自然风险的能力也增强了。合作社在市场交易中，通过统购统销，有了更多的市场主动权，话语权增大了，能够争取更多的政策支持和市场优惠，比分散农户具有强得多的市场竞争的实力，大大降低了市场风险。并且，统购统销减少了农业生产资料销售到社员手中的层级，大大降低了市场交易费用，节省了农产品生产和流通的成本。

农民合作社能更好地判断技术的先进适用程度。合作社直面农户的实际生产，对于社员的技术需求和生产情况相当了解，会将技术需求准确地告知给农技推广部门和研究机构，促进科技创新和成果转化。现实中有很多科技成果本身具有很强的应用性，却由于缺乏中试基地，不能通过中试进一步成熟完善，影响了它的转化应用，合作社恰恰提供了很好的中试平台，可以助推科技成果向现实生产力的转变。合作社也会根据生产情况有针对性地选择、推广新技术给社员，从而能够很好促成农业技术需求与供给的无缝对接。合作社有能量建立与农技推广部门和研究机构的直接、紧密联系，及时地了解、筛选、引进新技术、新产品，并且先经过统一的试验、示范后，再引导社员广泛使用，这极大保证了社员既能用上先进实用的技术又能避免可能存在的技术风险。另外，合作社里有不少技术"土专家"，他们立足生产实践，经过长期摸索、总结，也能创造不少的技术成果，这些技术成果传播给了其他社员，也提高了社员的农业生产技术水平。

农民合作社能更好地获得技术的相关补助服务。当前，国家大力推动农民合作社发展，中央和地方的扶持政策、措施层出不穷，农民合作社可以获得比分散农户更多的补助服务。如《农民专业合作社法》第七章规定：国家支持发展农业和农村经济的建设项目，可以委托和安排有条件的有关农民专业合作社实施；中央和地方财政应当分别安排资金，支持农民专业合作社开展信息、培训、农产品质量标准与认证、农业生产基础设施建设、市场营销和技术推广等服务。对民族地区、边远地区和贫困地区的农民专业合作社和生产国家与社会急需的重要农产品的农民专业合作社给予优先扶持；国家政策性金融机构应当采取多种形式，为农民专业合作社提供多渠道的资金支持。国家鼓励商业性金融机构采取多种形式，为农民专业合作社提供金融服务；农民专业合作社享受国家规定的对农业生产、加工、流通、服务和其他涉农经济活动相应的税收优惠。

农民合作社能更好地促进技术融入已有文化和习惯。合作社社员基本上是当地农民，有着天然的血缘、地缘关系，在长期的生产生活过程中形成了一整套共同的价值观念、风俗习惯、行为方式和地方性知识。由合作社向社员推广新技术比农技推广机构更具优势。合作社的带头人和骨干往往不是乡镇农业龙头企业的负责人、村两委负责人，就是村里的种养大户、致富能手，他们在社员中享有很高的地位和威望，是指导社员开展生产、采纳技术的意见领袖。由这些农村精英来传播、扩散他们从外部学习到的先进技术、市场意识和经营理念，更容易为社员所认同和接受。合作社向社员推广新技术，会按照当地农民的思维方式和用语习惯进行，农民更能听得懂、记得住、用得上，也会注意将新技术与地方性知识结合起来，使得技术更加完善、适用。

8.3.2 农民合作社对于农业技术推广的作用

传统的农业技术推广是自上而下进行的，带有很强的行政色彩，由于缺乏与农民的沟通，往往相当程度地脱离农民的技术需求。农民合作社是农业技术推广的一座桥梁。一方面，农民合作社可以通过多种渠道、多样形式接收到农业院校和科研院所、县乡农技推广机构等提供的技术、信息和服务，经过筛选后扩散给社员，搭建起农业科技创新、推广主体与采纳主体联系的桥梁；另一方面，农民合作社直接参与市场竞争，对接农产品的市场需求与农户供应，在解决供需矛盾的过程中促进农户采纳新技术，搭建起农业企业与农户交易农业技术、农产品的桥梁，推动农业市场化的发展。农民合作社具有四个方面推动农业技术社会化的作用[①]：

---

① 郑丹. 农民专业合作社在科技推广中的作用机制及政策选择[J]. 农业经济，2011（2）：12–13.

一是整合农业生产要素。农民合作社将农户组织起来，在发挥家庭经营积极性的基础上，整合广大社员的资源并进行优化配置，进而联系、调动和利用更多外部资源，最终形成合作经营的合力。从内部来说：农民合作社的理事长、理事等管理人员本身都是农村的"能人"，像种养、加工、运销大户以及基层农业技术人员，这些"能人"既有能力又有能量。与普通农户相比，他们受教育程度更高，眼界更开阔，更能接触、学习、采用新技术、新品种，在当地具有较高的地位和影响力。他们能将农户聚集在一起，整合农户资源，统一提供生产资料、教授种养技术、把关生产环节、拓展销售网络，建立包括生产、加工、销售在内的完整产业链条，促进产、加、销诸环节的有机衔接，实现内部资源的优化配置和高效利用。从外部来说：合作社基于整合社员资源所形成的体量，具备与政府、市场和社会力量平等往来的地位。合作社可以广泛与农技推广部门、农业院校和科研院所、涉农企业、非政府组织等建立联系，开展农业生产经营、农业技术创新推广诸方面的交流、合作、交易，突破传统农业技术推广体制、模式中存在的条块分割、多头管理和各自为政的制约，更好吸引、融合、使用外部资源，实现自身壮大发展和农户发家致富。

二是促进农业技术采纳。农民的文化素质、农民的技术信息掌握量、技术的使用效果等影响着农户采纳新技术的状况。由于文化教育程度低，不少农民缺乏对科技进展及其促进农业生产作用的认识，看不到传统农业向现代农业转型的趋势，仍然依赖传统经验、技术进行生产，他们虽然渴望发家致富，但了解、采纳新技术的意愿并不强。农民合作社通过宣传、教育，可以提高农民的文化水平，让他们形成"科技是第一生产力""科技改变生活"的认识，增长有效技术需求，敞开胸怀采纳新技术。信息闭塞容易导致农民视野狭隘、缺少选择。农民合作社通过发布市场供需信息，举办科技讲座、召开技术推广会以及组织社员开展技术信息交流等，可以让农民及时、广泛了解各种技术信息，让具有采纳技术意愿的农民能够找到对口技术，增长有效技术需求。由于家庭生计脆弱，农户普遍采纳新技术的实力不强，抵御自然、市场风险能力较弱，这导致很多农户不敢迈出采纳新技术的脚步。农民合作社作为农户的互助性经济组织，可以集合社员的资源，推行农资和农产品的统购统销、统一的生产标准、统一的技术指导等，增强市场议价能力，降低生产经营成本，提高生产技术水平，保证农产品产量质量，控制病虫害的发生，从而产生良好的生产经营效益，这会极大增强社员采纳应用新技术的信心，反过来又将增长他们的有效技术需求，形成良性循环。

三是协同农业技术推广。农业技术推广实质上是推广人员与农民之间的一种涉及科技、信息、文化等内容的双向交流活动。一方面是推广人员通过宣传培训和示范指导等途径向农民传播技术，另一方面是农民通过参与、采纳和应用向推广人员反馈信息。农民合作社一头连接着众多农户，一头连接着农技推广机构和农业企业，是双方交流、互动的理想平台。在这种双向交流活动中，农民这一方面以前比较薄弱，现在随着农民合作社的发展逐渐增强。农民合作社是众多社员的利益联合体，它可以整合与表达社员的技术需求，集体采纳和应用推广的新技术，并将实际结果和意见反馈给推广机构和农业企业，这大大强化了农民在农业技术推广中的作用，更好地实现了交流活动的双向性，促进了农业技术供给与需求的匹配、平衡。在技术选择上，农民合作社比普通农户更加注重长期效益和综合效益，更能够采纳长期效益大、生态和社会效益大的技术，这有利于农业产业结构的调整转型。农民合作社给农业技术推广提供了由众多农户组成的完整的受体，这大大减轻了推广成本，增强了推广的成效。

四是助推农业科技创新。科技研发与技术需求脱节是我国农业科技创新存在的严重问题。科研人员不完全了解农户的技术需求，其主要原因是农户分散且没有合适的渠道有效表达技术需求和反馈技术效果，而农民合作社的发展能很好扭转这种局面。农民合作社让分散农户有了组织，搭建起科研人员与农户之间沟通、合作的桥梁，是实现二者平等、充分互动的很好载体。农民合作社由于生产经营有统一安排，技术需求相当程度上是一致的，可以集中而明确地传达给科研人员。农民合作社中的管理人员和骨干，具有较高的科技素质和生产经验，更能发现新技术应用过程中的问题并及时反馈给科研人员。农民合作社生产经营的市场化程度比普通农户高，会从产供销一体化的角度上进行技术选择，也会为了提升市场竞争力而与科研机构开展技术联合研发。这些都推动了农业科技创新，促进了现代农业的发展。

参考文献

英文文献

[1] Abadi Ghadim A. K., Pannell D. J. A conceptual framework of adoption of an agricultural innovation[J]. Agricultural Economics, 1999, 21(2).

[2] Adesina A. A., Mbila D., Nkamleu G. B., et al. Econometric analysis of the determinants of adoption of alley farming by farmers in the forest zone of southwest Canieroon[J]. Agriculture, Ecosystems & Environment, 2000, 80(3).

[3] Adesina A. A., Zinnah M. M. Technology characteristics, farmers' perceptions and adoption decisions: A Tobit model application in Sierra Leone[J]. Agricultural Economics, 1993, 9(4).

[4] Akaike H. A new look at the statistical model identification[J]. IEEE Transactions on Automatic Control, 1974, 19(6).

[5] Arrow K. J. The economic implications of learning by doing[J]. The Review of Economic Studies, 1962, 29(3).

[6] Arrow K. J., Fisher A. C. Environmental preservation, uncertainty, and irreversibility[J]. The Quarterly Journal of Economics, 1974, 88(2).

[7] Baptista R. The diffusion of process innovations: A selective review[J]. International Journal of the Economics of Business, 1999, 6(1).

[8] Basu S., Weil D. N. Appropriate technology and growth [J]. The Quarterly Journal of Economics, 1998, 113(4).

[9] Bernd H. S. Experiential Marketing: How to Get Custmers to Sense, Feel, Think, Act and Relate to Your Company and Brands[M]. New York: The Free Press, 1999.

[10] Bennett R. G, Cooper R. G. Beyond the marketing concept[J]. Business Horizons, 1979, 22(3).

[11] Blatt J. J., Miller P. H. Preparing for the pacific century: Fostering technology transfer in southeast asia[J]. Ann. surv. intl & Comp.l, 1996(3).

[12] Bouman B., Yang X., Wang H., et al. Performance of aerobic rice varieties under irrigated conditions in North China[J]. Field Crops Research, 2006, 97(1).

[13] Christensen C. M., Bower J. L. Customer power, strategic investment, and the failure of leading firms[J]. Strategic Management Journal, 1996(3).

[14] Davies S. The Diffusion of Process Innovations[M]. Cambridge: Cambridge University Press, 1979.

[15] Feder G., Just R. E., Zilberman D. Adoption of agricultural innovations indeveloping countries:A survey [J]. Economic Development and Cultural Change, 1985,33(2).

[16] Feder G., Slade R. The acquisition of information and the adoption of new technology [J]. American Journal of Agricultural Economics, 1984, 66(3).

[17] Feder G., Umali D. L., The adoption of agricultural innovations: A review[J]. Technological Forecasting and Social Change, 1993,43(3–4).

[18] Hall G. E., Loucks S. F., Rutherford W. L., et al. Levels of use of the innovation: A framework for analyzing innovation adoption[J]. Journal of Teacher Education, 1975, 26(1).

[19] Hayami Y., Ruttan V. W., Others. Agricultural Development: An International Perspective[M]. Baltimore MD: Johns Hopkins University Press, 1971.

[20] Huang J., Rozelle S. Technological change: Rediscovering the engine of productivity growth in China's rural economy [J]. Journal of Development Economics, 1996, 49(2).

[21] Lin J. Y. Education and innovation adoption in agriculture: Evidence from hybrid rice in China[J]. American Journal of Agricultural Economics, 1991, 73(3).

[22] Los B., Timmer M. P. The "appropriate technology" explanation of productivity growth differentials: An empirical approach[J]. Journal of Development Economics, 2005, 77(2).

[23] Allan Low, James Currey, Heinemann, David Philip. Agricultural Development in Southern Africa: Farm-Household Economics and the Food Crisis[M]. Development Southern Africa, 1986, 3(4).

[24] Meert H., Van Huylen broeck G., Vemimmen T., et al. Farm household survival strategies and diversification on marginal fanns[J]. Journal of Rural Studies, 2005, 21(1).

[25] Netting R. M. C. Smallholders, Householders: Farm Families and the Ecology of Intensive, Sustainable Agriculture[M]. Stanford: Stanford University Press, 1993.

[26] Omamo S. W. Farm-to-market transaction costs and specialisation in small-scaleagriculture: Explorations with a non-separable household model [J]. The Journal of Development Studies, 1998, 35(2).

[27] Rogers, Everett M. Difusion of Innovations[M]. New York: The Free Press, 1962.

[28] Sehumpeter J. A. The Theory of Economic Development[M]. Bostion:Harvard University Press, 1934.

[29] Shucksmith M., Herrmann V. Future changes in British agriculture:projecting divergent farm household behaviour[J]. Journal of Agricultural Economics, 2002, 53(1).

[30] Theodore W. Schultz. Transforming traditional agriculture[M]. New Haven: Yale University Press, 1964.

[31] Ziman J. Technological Innovation as an Evolutionary Process[M]. Cambridge: Cambridge University Press, 2000.

中文文献

[1]《农技推广：成本、效益与农民决策》课题组. 农技推广：成本、效益与农民决策 [J]. 中国农村经济，1997（8）.

[2] 宾幕容，文孔亮，周发明. 农户畜禽废弃物利用技术采纳意愿及其影响因素——基于湖南 462 个农户的调研 [J]. 湖南农业大学学报（社会科学版），2017（8）.

[3] 蔡键，唐忠. 要素流动、农户资源禀赋与农业技术采纳：文献回顾与理论解释 [J]. 江西财经大学学报，2013（4）.

[4] 蔡键. 不同资本禀赋下资金借贷对农业技术采纳的影响分析 [J]. 中国科技论坛，2013（10）.

[5] 曹光乔，张宗毅. 农户采纳保护性耕作技术影响因素研究 [J]. 农业经济问题，2008（8）.

[6] 曹建民，胡瑞法，黄季焜. 技术推广与农民对新技术的修正采用：农民参与技术培训和采用新技术的意愿及其影响因素分析 [J]. 中国软科学2005（6）.

[7] 常向阳，姚华锋. 农业技术选择影响因素的实证分析 [J]. 中国农村经济，2005（10）.

[8] 陈超，周宁. 农民文化素质的差异对农业生产和技术选择渠道的影响——基于全国十省农民调查问卷的分析 [J]. 中国农村经济，2007（9）.

[9] 陈凤霞，吕杰. 农户采纳稻米质量安全技术影响因素的经济学分析——基于黑龙江省稻米主产区 325 户稻农的实证分析 [J]. 农业技术经济，2010（2）.

[10] 陈继宁. 农民采用新技术影响因素分析 [J]. 社会科学研究，1998（2）.

[11] 陈品，王楼楼，王鹏，陆建飞. 农户采用不同稻作方式的影响因素分析——基于江苏省淮安市淮安区的农户调研数据 [J]. 中国农业科，2013（5）.

[12] 陈向明. 质的研究方法与社会科学研究 [D]. 北京：教育科学出版社，2000.

[13] 陈玉萍等. 基于倾向得分匹配法分析农业技术采用对农户收入的影响——以滇西南农户改良陆稻技术采用为例 [J]. 中国农业科学，2010（17）.

[14] 褚保金，张兵，颜军. 试论可持续农业的技术选择 [J]. 农业技术经济，2000（3）.

[15] 褚彩虹，冯淑怡，张蔚文. 农户采用环境友好型农业技术行为的实证分析——以有机肥与测土配方施肥技术为例 [J]. 中国农村经济，2012（3）.

[16] 崔宁波. 基于现代农业发展的农户技术采用行为分析. 学术交流，2010（1）.

[17] 崔奇峰，王翠翠. 农户对可再生能源沼气选择的影响因素——以江苏省农村家庭户用沼气为例 [J]. 中国农学通报，2009（10）.

[18] 邓雪霏. 以新型经营主体为载体织密农技推广网 [J]. 奋斗，2013（8）.

[19] 丁玉梅，李鹏，张俊飚，颜廷武. 农业废弃物循环利用：技术推广与农户采纳的协同创新及深度衔接机制 [J]. 中国科技论坛，2014（6）.

[20] 董鸿鹏，吕杰，周艳波. 农户技术选择行为的影响因素分析 [J]. 农业经济，2007（8）.

[21] 方松海，孔祥智. 农户禀赋对保护地生产技术采纳的影响分析——以陕西、四川和宁夏为例 [J]. 农业技术经济，2005（3）.

[22] 冯晓龙，仇焕广，刘明月. 不同规模视角下产出风险对农户技术采用

的影响——以苹果种植户测土配方施肥技术为例 [J]. 农业技术经济，
2018（11）.

[23] 弗兰克·艾利思. 农民经济学：农民家庭农业和农业发展（第二版）
[M]. 谢景北，译. 上海：上海人民出版社，2006.

[24] 高雷. 农户采纳行为影响内外部因素分析——基于新疆石河子地区膜
下滴灌节水技术采纳研究 [J]. 农村经济，2010（5）.

[25] 高连兴. 农民的社会经济及心理状况与农业推广 [J]. 农业科技管理，
1994（4）.

[26] 高瑛，王娜，李向菲，王咏红. 农户生态友好型农田土壤管理技术采
纳决策分析——以山东省为例 [J]. 农业经济问题，2017（1）.

[27] 葛继红，周曙东，朱红根，殷广德. 农户采用环境友好型技术行为研
究——以配方施肥技术为例 [J]. 农业技术经济，2010（9）.

[28] 耿宇宁，郑少锋，陆迁. 经济激励、社会网络对农户绿色防控技术采
纳行为的影响——来自陕西猕猴桃主产区的证据 [J]. 华中农业大学学
报（社会科学版），2017（6）.

[29] 耿宇宁，郑少锋，王建华. 政府推广与供应链组织对农户生物防治技术
采纳行为的影响 [J]. 西北农林科技大学学报（社会科学版），2017（1）.

[30] 顾俊，陈波，徐春春，陆建飞. 农户家庭因素对水稻生产新技术采用
的影响——基于对江苏省 3 个水稻生产大县（市）290 个农户的调研 [J].
扬州大学学报（农业与生命科学版），2007（2）.

[31] 郭将. 农户行为与我国农业技术创新的路径选择 [J]. 安徽农业科学，
2008（6）.

[32] 郭晶，郑亚莉. 浙江省农户技术采用行为影响因素的实证分析 [J]. 浙
江学刊，2007（6）.

[33] 郭犹焕，杨守玉，欧晓明. 农业技术选择浅析 [J]. 农业科技管理，
1994（9）.

[34] 国亮，侯军岐. 影响农户采纳节水灌溉技术行为的实证研究 [J]. 开放研究，2012（3）.

[35] 韩国明，安杨芳. 贫困地区农民专业合作社参与农业技术推广分析——基于农业技术扩散理论的视角 [J]. 开发研究，2010（2）.

[36] 韩洪云，杨增旭. 农户测土配方施肥技术采纳行为研究——基于山东省枣庄市薛城区农户调研数据 [J]. 中国农业科学，2011（23）.

[37] 韩洪云，赵连阁. 农户灌溉技术选择行为的经济分析 [J]. 中国农村经济，2000（11）.

[38] 韩军辉，李艳军. 农户获知种子信息主渠道以及采用行为分析——以湖北省谷城县为例 [J]. 农业技术经济，2005（1）.

[39] 韩青，谭向勇. 农户灌溉技术选择的影响因素分析 [J]. 中国农村经济，2004（1）.

[40] 韩青. 农户灌溉技术选择的激励机制—— 一种博弈视角的分析 [J]. 农业技术经济，2005（6）.

[41] 郝海广，李秀彬，谈明洪，赵宇鸾. 农牧交错区农户作物选择机制研究——以内蒙古太仆寺旗为例 [J]. 自然资源学报，2011（7）.

[42] 何子文，李鹏玉. 原有耕作经验对农户技术采用行为的影响分析——基于廊木村花豆无公害种植技术采用情况的调查 [J]. 中国科技论坛，2006（6）.

[43] 洪宇，赵敏娟. 农户对农业面源污染治理技术的接受意愿及其影响因素分析——以江汉平原为例 [J]. 安徽农业科学，2011（34）.

[44] 胡瑞法，孙艺夺. 农业技术推广体系的困境摆脱与策应 [J]. 改革，2018（2）.

[45] 黄季焜，胡瑞法，宋军，罗泽尔. 农业技术从产生到采用：政府、科研人员、技术推广人员与农民的行为比较 [J]. 科学对社会的影响，1999（1）.

[46] 黄炎忠，罗小锋，刘迪，余威震，唐林. 农户有机肥替代化肥技术采纳的影响因素——对高意愿低行为的现象解释 [J]. 长江流域资源与环境，2019（3）.

[47] 黄炎忠，罗小锋，刘迪，余威震，唐林. 农户有机肥替代化肥技术采纳的影响因素——对高意愿低行为的现象解释 [J]. 长江流域资源与环境，2019（3）.

[48] 简小鹰. 以农户需求为导向的农业推广途径 [J]. 科技进步与对策，2007（7）.

[49] 姜太碧. 农技推广与农民决策行为研究 [J]. 农业技术经济，1998（1）.

[50] 姜英杰，钟涨宝. 乡村文化对农业科技推广的影响路径及引导策略 [J]. 农村经济，2007（9）.

[51] 金爱武，方伟，邱永华，吴继林. 农户毛竹培育技术选择的影响因素分析——对浙江和福建三县（市）的实证分析 [J]. 农业技术经济，2006（2）.

[52] 靳淑平. 新农村建设对北京郊区农民技术采用影响分析——以环境整治和文化建设为例 [J]. 中国农业资源与区划，2013（1）.

[53] 景丽等. 关于农民参与河南农业技术推广的几点思考 [J]. 河南农业科学，2010（4）.

[54] 康涛，康松，何艳玲，秦燕江，刘江毅. 试论贫困地区农民采用科学技术的心理特点 [J]. 农业技术经济，2001（6）.

[55] 康涛，谢莹月，胡周文. 浅析我国农民采用科学技术的心理特点 [J]. 农业现代化研究，1996（5）.

[56] 孔祥智，方松海，庞晓鹏，马九杰. 西部地区农户禀赋对农业技术采纳的影响分析 [J]. 经济研究，2004（12）.

[57] 旷宗仁，左停. 乡村科技传播中农民认知行为的发展规律研究 [J]. 中国人力资源开发，2009（2）.

[58] 旷宗仁，左停. 乡村科技传播中农民认知行为建构过程分析 [J]. 新闻界，2009（4）.

[59] 李博，左停，王琳瑛. 农业技术推广的实践逻辑与功能定位：以陕西关中地区农业技术推广为例 [J]. 中国科技论坛，2016（1）.

[60] 李冬梅，刘智，唐殊，汪雪梅. 农户选择水稻新品种的意愿及影响因素分析——基于四川省水稻主产区 402 户农户的调查 [J]. 农业经济问题，2009（11）.

[61] 李光明，徐秋艳. 影响干旱区农户采用先进农业技术的因素分析——基于新疆 3 县 812 份问卷调查 [J]. 安徽农业科学，2012（2）.

[62] 李后建. 农户对循环农业技术采纳意愿的影响因素实证分析 [J]. 中国农村观察，2012（2）.

[63] 李季. 城郊农民技术接受实证研究 [J]. 农业技术经济，1993（3）.

[64] 李佳怡，李同昇，李树奎. 不同农业技术扩散环境区农户技术采用行为分析——以西北干旱半干旱地区节水灌溉技术为例 [J]. 水土保持通报，2010（5）.

[65] 李俊利，张俊飚. 农户采用节水灌溉技术的影响因素分析——来自河南省的实证调查 [J]. 中国科技论坛，2011（8）.

[66] 李奇峰等. 粮食主产区农户采用农业新技术及其影响因素的实证分析——以吉林省榆树县为例 [J]. 中国农业科学，2008（7）.

[67] 李卫，薛彩霞，姚顺波，朱瑞祥. 农户保护性耕作技术采用行为及其影响因素：基于黄土高原 476 户农户的分析 [J]. 中国农村经济，2017（1）.

[68] 李宪宝. 异质性农业经营主体技术采纳行为差异化研究 [J]. 华南农业大学学报（社会科学版），2017（3）.

[69] 李晓伟，薛春玲. 农民选择转基因番木瓜技术的影响因素分析 [J]. 广东农业科学，2010（5）.

[70] 李欣然，杨萍. 重视农业科技推广中的民俗因素研究 [J]. 农业现代化

研究，2005（06）.

[71] 李艳华，奉公. 我国农业技术需求与采用现状：基于农户调研的分析 [J]. 农业经济，2010（11）.

[72] 廖西元等. 基于农户视角的农业技术推广行为和推广绩效的实证分析 [J]. 中国农村经济，2008（7）.

[73] 凌远云，郭犹焕. 农业技术采用供需理论模型研究 [J]. 农业技术经济，1996（4）.

[74] 刘国勇，陈彤. 干旱区农户灌溉行为选择的影响因素分析——基于新疆焉耆盆地的实证研究 [J]. 农村经济，2010（9）.

[75] 刘国勇，陈彤. 新疆焉耆盆地农户主动选择节水灌溉技术的实证研究 [J]. 新疆农业大学学报，2010（5）.

[76] 刘红梅，王克强，黄智俊. 影响中国农户采用节水灌溉技术行为的因素分析 [J]. 中国农村经济，2008（4）.

[77] 刘万利，齐永家，吴秀敏. 养猪农户采用安全兽药行为的意愿分析——以四川为例 [J]. 农业技术经济，2007（1）.

[78] 刘小珉. 民族地区乡村技术体系与技术传播过程初探 [J]. 中南民族大学学报（人文社会科学版），2003（3）.

[79] 刘晓敏，王慧军，李运朝. 农户采用小麦玉米农艺节水技术意愿影响因素的实证分析——以河北省黑龙港区吴桥市为例 [J]. 安徽农业科学，2010（12）.

[80] 刘晓敏，王慧军. 河北省农户采用农艺节水技术意愿影响因素的实证分析 [J]. 节水灌溉，2010（3）.

[81] 刘晓敏，王慧军. 黑龙港区农户采用农艺节水技术意愿影响因素的实证分析 [J]. 农业技术经济，2010（9）.

[82] 刘亚克，王金霞，李玉敏，张丽娟. 农业节水技术的采用及影响因素 [J]. 自然资源学报，2011（6）.

[83] 刘延凤. 宏观技术需求与农户技术采用的差异及纠正 [J]. 农业技术经济, 1996（2）.

[84] 刘宇, 黄季焜, 王金霞, Scott Rozelle. 影响农业节水技术采用的决定因素——基于中国 10 个省的实证研究 [J]. 节水灌溉, 2009（10）.

[85] 刘战平, 匡远配. 农民采用"两型农业"技术意愿的影响因素分析——以"两型社会"实验区为例 [J]. 农业技术经济, 2012（6）.

[86] 刘珍环等. 自然环境因素对农户选择种植作物的影响机制——以黑龙江省宾县为例 [J]. 中国农业科学, 2013（15）.

[87] 刘智元, 杨勇. 农业推广中以什么样的农民为本 [J]. 安徽农业科学, 2011（26）.

[88] 卢恩双, 方伟, 袁志发. 特色农业发展的技术选择分析 [J]. 西北农林科技大学学报（自然科学版）, 2005（3）.

[89] 鲁新礼, 刘文升, 周彬. 农业补贴政策对农户行为和农村发展的影响分析 [J]. 特区经济, 2005（8）.

[90] 陆文聪, 余安. 浙江省农户采用节水灌溉技术意愿及其影响因素 [J]. 中国科技论坛, 2011（11）.

[91] 逯志刚, 王志彬. 农户种粮行为分类及其影响因素研究——基于农户选择行为视角 [J]. 广东农业科学, 2011（22）.

[92] 吕杰, 金雪, 韩晓燕. 农户采纳节水灌溉的经济及技术评价研究——以通辽市玉米生产为例 [J]. 干旱区资源与环境, 2016（10）.

[93] 吕玲丽. 农户采用新技术的行为分析 [J]. 经济问题, 2000（11）.

[94] 罗小锋, 秦军. 农户对新品种和无公害生产技术的采用及其影响因素比较 [J]. 统计研究, 2010（8）.

[95] 罗小锋. 农户采用节约耕地型与节约劳动型技术的差异 [J]. 中国人口·资源与环境, 2011（4）.

[96] 马奔等. 区域盐碱地改良技术的农户选择意愿及影响因素——基于江

苏省滨海盐碱区 133 户农户的调查 [J]. 中国农业大学学报，2013（2）.

[97] 马康贫，刘华周. 江苏省淮北地区农户的技术选择与扩散 [J]. 农业技术经济，1998（4）.

[98] 马培衢，刘伟章，祁春节. 农户灌溉方式选择行为的实证分析 [J]. 中国农村经济，2006（12）.

[99] 满明俊，李同昇，李树奎，李普峰. 技术环境对西北传统农区农户采用新技术的影响分析——基于三种不同属性农业技术的调查研究 [J]. 地理科学，2010（1）.

[100] 满明俊，李同昇. 农户采用新技术的行为差异、决策依据、获取途径分析——基于陕西、甘肃、宁夏的调查 [J]. 科技进步与对策，2010（15）.

[101] 满明俊，周民良，李同昇. 农户采用不同属性技术行为的差异分析——基于陕西、甘肃、宁夏的调查 [J]. 中国农村经济，2010（2）.

[102] 满明俊. 西北传统农区农户的技术采用行为研究 [D]. 西安：西北大学，2010.

[103] 毛慧，周力，应瑞瑶. 风险偏好与农户技术采纳行为分析——基于契约农业视角再考察 [J]. 中国农村经济，2018（4）.

[104] 毛丽玉，郑传芳. 农业推广系统中农民参与的利益整合机制分析 [J]. 福建论坛·人文社会科学版，2012（4）.

[105] 蒙秀锋，饶静，叶敬忠. 农户选择农作物新品种的决策因素研究 [J]. 农业技术经济，2005（1）.

[106] 孟德拉斯. 农民的终结 [M]. 李培林，译. 北京：社会科学文献出版社，2010.

[107] 苗珊珊，陆迁. 农户技术采用中的风险防范研究 [J]. 农村经济，2006（2）.

[108] 潘军昌，孔有利. 劳动力机会成本与农户稻作方式选择 [J]. 江苏农业科学，2010（6）.

[109] 齐振宏，梁凡丽，周慧，冯良宣. 农户水稻新品种选择影响因素的实

证分析——基于湖北省的调查数据 [J]. 中国农业大学学报, 2002（2）.

[110] 齐振宏等. 不成熟要素市场下理性农户粮食生产中的技术选择——以湖北省稻农水稻品种的技术选择为例 [J]. 经济评论, 2009（6）.

[111] 秦红增. 桂村科技：科技下乡中的乡村社会研究 [M]. 北京：民族出版社, 2005.

[112] 秦红增. 乡村科技的推广与服务——科技下乡的人类学视野之一 [J]. 广西民族学院学报（哲学社会科学版）, 2004（3）.

[113] 秦红增. 乡村社会两类知识体系的冲突 [J]. 开放时代, 2005（3）.

[114] 秦军. 影响农户选择农药使用技术的因素分析 [J]. 河南农业科学, 2011（4）.

[115] 秦伟. 可持续发展视角下的农户个体选择行为——以西双版纳橡胶种植业为例 [J]. 云南社会科学, 2008（5）.

[116] 邵腾伟, 吕秀梅. 基于转变农业发展方式的基层农业技术推广路径选择 [J]. 系统工程理论与实践, 2013（4）.

[117] 石洪景. 农户采用台湾农业技术的驱动力与决策过程探讨 [J]. 广东农业科学, 2013（21）.

[118] 石洪景. 农户特征、资源禀赋与台湾农业技术采用行为实证研究 [J]. 浙江农业学报, 2014（2）.

[119] 宋军, 胡瑞法, 黄季. 农民的农业技术选择行为分析 [J]. 农业技术经济, 1998（6）.

[120] 苏荟. 资源禀赋对农业技术诱致性选择研究——以兵团棉花滴灌技术为例 [J]. 科研管理, 2013（2）.

[121] 苏岳静, 胡瑞法, 黄季, 范存会. 农民抗虫棉技术选择行为及其影响因素分析 [J]. 棉花学报, 2004（5）.

[122] 孙晓伟. 论有限理性与农户发展农业循环经济的行为选择 [J]. 林业经济, 2010（8）.

[123] 谈存峰，张莉，田万慧. 农田循环生产技术农户采纳意愿影响因素分析——西北内陆河灌区样本农户数据 [J]. 干旱区资源与环境, 2017（8）.

[124] 汤国辉，张锋. 农户生猪养殖新技术选择行为的影响因素 [J]. 中国农学通报, 2010（14）.

[125] 汤秋香等. 典型生态区保护性耕作主体模式及影响农户采用的因子分析 [J]. 中国农业科学, 2009（2）.

[126] 唐博文，罗小锋，秦军. 农户采用不同属性技术的影响因素分析——基于 9 省（区）2110 户农户的调查 [J]. 中国农村经济, 2010（6）.

[127] 唐永金，侯大斌，陈见超，许元平. 山区农民采用创新的数量、类型和效果研究 [J]. 农业技术经济, 1998（5）.

[128] 陶群山，胡浩，王其巨. 环境约束条件下农户对农业新技术采纳意愿的影响因素分析 [J]. 统计与决策, 2013（1）.

[129] 田兢娜，李录堂. 农户采纳新技术的意愿及能力的影响因素分析——以关中地区为例 [J]. 安徽农业科学, 2012（19）.

[130] 汪海波，辛贤. 农户采纳沼气行为选择及影响因素分析 [J]. 农业经济问题, 2008（12）.

[131] 汪三贵，刘晓展. 信息不完备条件下贫困农民接受新技术行为分析 [J]. 农业经济问题, 1996（12）.

[132] 汪三贵. 技术扩散与缓解贫困 [M]. 北京：中国农业出版社, 1998.

[133] 王琛，吴敬学. 农户粮食种植技术选择意愿影响研究 [J]. 华南农业大学学报（社会科学版）, 2016（1）.

[134] 王传仕. 农业梯度技术的选择与转移 [J]. 中国农村经济, 2001（7）.

[135] 王海军，李艳军. 社会资本对农户新技术品种采用意愿的影响 [J]. 湖北农业科学, 2012（21）.

[136] 王宏杰. 武汉农户采纳农业新技术意愿分析 [J]. 科技管理研究, 2010（23）.

[137] 王奇，陈海丹，王会. 农户有机农业技术采用意愿的影响因素分析——基于北京市和山东省 250 户农户的调查 [J]. 农村经济，2012（2）.

[138] 王士超，梁卫理，王贵彦，吕红毡. 农户采用小型户用沼气意愿影响因素的定量分析 [J]. 中国生态农业学报，2011（3）.

[139] 王世尧，金媛，韩会平. 环境友好型技术采用决策的经济分析——基于测土配方施肥技术的再考察 [J]. 农业技术经济，2017（8）.

[140] 王秀东，王永春. 基于良种补贴政策的农户小麦新品种选择行为分析——以山东、河北、河南三省八县调查为例 [J]. 中国农村经济，2008（7）.

[141] 王绪龙，张巨勇，张红. 农户对可持续农业技术采用意愿分析 [J]. 生态经济，2008（6）.

[142] 王移收. 试论农技推广人员及农民思维定势的改变 [J]. 湖北农业科学，2005（6）.

[143] 王玉龙，丁文锋. 技术扩散过程中农民经营行为转变的实证分析 [J]. 经济经纬，2010（2）.

[144] 王云霞，曹建民. 农民参与式研究对加快我国农业技术有效扩散的探讨 [J]. 农村经济，2007（4）.

[145] 王志刚，汪超，许晓源. 农户认知和采纳创意农业的机制：基于北京城郊四区果树产业的问卷调查 [J]. 中国农村观察，2010（4）.

[146] 王志刚，王磊，阮刘青，廖西元. 农户采用水稻轻简栽培技术的行为分析 [J]. 农业技术经济，2007（3）.

[147] 威廉·A.哈维兰. 当代人类学 [M]. 王铭铭，译. 上海：上海人民出版社，1987.

[148] 吴乐，邹文涛. 中部生态脆弱地区农民对新技术采用意愿研究——基于中部六省生态脆弱地区 582 位农民的调查 [J]. 生态经济，2011（5）.

[149] 吴彤. 复归科学实践——一种科学哲学的新反思 [M]. 北京：清华大

学出版社，2010.

[150] 夏宁，夏锋. 自然保护区林缘社区农户技术选择行为分析——以白水江国家级自然保护区个案 [J]. 农村经济，2006（8）.

[151] 向东梅，周洪文. 现有农业环境政策对农户采用环境友好技术行为的影响分析 [J]. 生态经济，2007（2）.

[152] 向东梅. 促进农户采用环境友好技术的制度安排与选择分析 [J]. 重庆大学学报（社会科学版），2011（1）.

[153] 徐涛，赵敏娟，李二辉，乔丹. 技术认知、补贴政策对农户不同节水技术采用阶段的影响分析 [J]. 资源科学，2018（4）.

[154] 徐同道，吴冲. 农户资源禀赋对优质小麦新品种选择影响之实证分析——以江苏丰县为例 [J]. 中国农学通报，2008（1）.

[155] 薛宝飞，郑少锋. 农产品质量安全视阈下农户生产技术选择行为研究——以陕西省猕猴桃种植户为例 [J]. 西北农林科技大学学报（社会科学版），2019（1）.

[156] 薛彩霞，黄玉祥，韩文霆. 政府补贴、采用效果对农户节水灌溉技术持续采用行为的影响研究 [J]. 资源科学，2018（7）.

[157] 阎文圣，肖焰恒. 中国农业技术应用的宏观取向与农户技术采用行为诱导 [J]. 中国人口、资源与环境，2002（3）.

[158] 杨大春，仇恒儒. 农民接受新技术的心理障碍 [J]. 农业经济问题，1990（10）.

[159] 杨建州，高敏珲，张平海等. 农业农村节能减排技术选择影响因素的实证分析 [J]. 中国农学通报，2009（23）.

[160] 杨丽. 农户技术选择行为研究综述 [J]. 生产力研究，2010（2）.

[161] 杨永生，杨晶，王浩. 增加农民收入的一项重要措施——农户选择技术的供求分析与对策探讨 [J]. 经济问题探索，2001（1）.

[162] 殷海光. 中国文化的展望 [M]. 上海：上海三联书店，2002.

[163] 余海鹏, 孙娅范. 农户科技应用的障碍分析与对策选择 [J]. 农业经济问题, 1998（10）.

[164] 余威震, 罗小锋, 李容容, 薛龙飞, 黄磊. 绿色认知视角下农户绿色技术采纳意愿与行为背离研究 [J]. 资源科学, 2017（8）.

[165] 喻永红, 韩洪云. 农民健康危害认知与保护性耕作措施采用——对湖北省稻农 IPM 采用行为的实证分析 [J]. 农业技术经济, 2012（2）.

[166] 喻永红, 张巨勇, 喻甫斌. 可持续农业技术（SAT）采用不足的理论分析 [J]. 经济问题探索, 2006（2）.

[167] 喻永红, 张巨勇. 农户采用水稻 IPM 技术的意愿及其影响因素——基于湖北省的调查数据 [J]. 中国农村经济, 2009（11）.

[168] 元成斌, 吴秀敏. 农户采用有风险技术的意愿及影响因素研究 [J]. 科技进步与对策, 2010（1）.

[169] 袁飞, 胡瑞法, 张笃富. 沿海经济发达地区农业技术选择的经济模式——温州市乐清县农民的技术选择行为分析 [J]. 农业技术经济, 1993（4）.

[170] 袁涓文, 颜谦. 农户接受杂交玉米新品种的影响因素探讨 [J]. 安徽农业科学, 2009（14）.

[171] 袁明达, 朱敏. 基层农业技术推广体系信息服务能力实证研究——基于不同类型农户视角 [J]. 经济体制改革, 2016（4）.

[172] 远德玉, 丁云龙, 马强. 产业技术论 [M]. 沈阳: 东北大学出版社, 2005.

[173] 远德玉. 产业技术界说 [J]. 东北大学学报（社会科学版）, 2000（1）.

[174] 展进涛, 陈超. 劳动力转移对农户农业技术选择的影响——基于全国农户微观数据的分析 [J]. 中国农村经济, 2009（3）.

[175] 张本飞. 农户人力资本分布与农业新技术的采用 [J]. 湖北农业科学, 2012（8）.

[176] 张标，张领先，王洁琼. 我国农业技术推广扩散作用机理及改进策略 [J]. 科技管理研究，2017（22）.

[177] 张积彬，吴燕. 新型农业生产经营主体参与农业技术推广服务的探讨 [J]. 农民致富之友，2014（5）.

[178] 张舰，韩纪江. 有关农业新技术采用的理论及实证研究 [J]. 中国农村经济，2002（11）.

[179] 张巨勇，张欣. 可持续农业技术采用的经济学分析 [J]. 经济问题探索，2004（10）.

[180] 张森，徐志刚，仇焕广. 市场信息不对称条件下的农户种子新品种选择行为研究 [J]. 世界经济文汇，2012（4）.

[181] 张云华，马九杰，孔祥智，朱勇. 农户采用无公害和绿色农药行为的影响因素分析——对山西、陕西和山东 15 县（市）的实证分析 [J]. 中国农村经济，2004（1）.

[182] 赵邦宏，宗义湘，石会娟. 政府干预农业技术推广的行为选择 [J]. 科技管理研究，2006（11）.

[183] 赵丽丽. 农户采用可持续农业技术的影响因素分析及政策建议 [J]. 经济问题探索，2006（3）.

[184] 赵连阁，蔡书凯. 农户 IPM 技术采纳行为影响因素分析——基于安徽省芜湖市的实证 [J]. 农业经济问题，2012（3）.

[185] 郑丹. 农民专业合作社在科技推广中的作用机制及政策选择 [J]. 农业经济，2011（2）.

[186] 郑金英. 菌草技术采用行为及其激励机制研究——以福建为例 [D]. 福州：福建农林大学，2012.

[187] 周波. 江西稻农技术采用决策研究 [D]. 上海：上海交通大学，2011.

[188] 周大鸣，秦红增. 人类学视野中的文化冲突及其消解 [J]. 民族研究，2002（4）.

[189] 周建华，乌东峰．两型农业生产体系桥接的前置条件及其抗阻因素 [J]．求索，2011（1）．

[190] 周建华，杨海余，贺正楚．资源节约型与环境友好型技术的农户采纳限定因素分析 [J]．中国农村观察，2012（2）．

[191] 周衍，陈会英．中国农户采用新技术内在需求机制的形成与培育——农业踏板原理及其应用 [J]．农业经济问题，1998（8）．

[192] 周艳波，董鸿鹏．基于农产品质量安全下的农户技术选择行为研究 [J]．农村经济，2008（1）．

[193] 周艳波，翟印礼，董鸿鹏．农户对质量安全技术选择行为的影响因素分析——基于辽宁省 107 户农户的调查 [J]．农机化研究，2008（3）．

[194] 周颖，尹昌斌，刘晓燕，程磊磊．农民农业清洁生产技术采纳的补偿意愿实证研究——以贵州省黔东南州农户调查为例[J]．中国农学通报，2010（24）．

[195] 周玉玺，周霞，宋欣．影响农户农业节水技术采用水平差异的因素分析——基于山东省 17 市 333 个农户的问卷调查 [J]．干旱区资源与环境，2014（3）．

[196] 朱方长．农业技术创新农户采纳行为的理论思考 [J]．生产力研究，2004（2）．

[197] 朱立志，赵鱼．沼气的减排效果和农户采纳行为影响因素分析 [J]．中国人口·资源与环境，2012（4）．

[198] 朱丽娟，向会娟．粮食主产区农户节水灌溉采用意愿分析 [J]．中国农业资源与区划，2011（6）．

[199] 朱萌，齐振宏，罗丽娜，唐素云，邬兰娅，李欣蕊．基于 Probit-ISM 模型的稻农农业技术采用影响因素分析——以湖北省 320 户稻农为例 [J]．数理统计与管理，2016（1）．

[200] 朱明芬，李南田．农户采用农业新技术的行为差异及对策研究 [J]．农

业技术经济，2001（2）．

[201] 朱琪. 贫困地区农户技术选择与扩散问题探析 [J]. 农业经济，2000（2）．

[202] 朱希刚，赵绪福. 贫困山区农业技术采用的决定因素分析 [J]. 农业技术经济，1995（5）．

[203] 竹德操. 发展农业要采用适用技术 [J]. 农业经济问题，1983（1）．

[204] 庄丽娟，张杰，齐文娥. 广东农户技术选择行为及影响因素的实证分析——以广东省 445 户荔枝种植户的调查为例 [J]. 科技管理研究，2010（8）．

附录1：技术简介

垫料养猪技术

湖南泰谷生物科技有限责任公司和湖南农业大学动物医学院共同主持的"多功能生物活性垫料零排放养猪及其配套技术研究"课题，在浏阳朝阳生物科技公司古港试验猪场和80多个农户（养猪场）试验、推广应用近3年后，于2008年3月通过了湖南省科技厅组织的科技成果鉴定，该技术居国内同类技术领先水平。

1　研究概况

1.1　多功能生物活性垫料技术原理

1.1.1　本生物活性垫料快速化解猪粪尿的原理

通过研究发现，在自然状态下：猪粪便发酵经历三个阶段：一是低温发酵阶段。此阶段是传统粪尿发酵的初期阶段，一般温度在30℃以下，高温菌不活跃，以厌氧发酵为主，猪粪便发酵分解速率低，酵解过程慢，且持续时间长，一般在20天以上，并伴有恶臭放出。二是中温发酵阶段。此阶段是猪粪便发酵的中期阶段，一般温度在30℃~40℃之间，厌氧发酵与好氧发酵并举。这一阶段由于温度升高，高温菌开始活跃，发酵速率加快，时间在20天左右，有臭气放出。三是高温阶段。此阶段是发酵的活跃阶段，一般温度在 40℃以上，高温菌活跃，以好氧发酵为主。猪粪便发酵速率很高，酵解彻底，发酵时间较短，并无臭气排出。

项目技术核心原理是：通过在垫料中接种高温菌群和添加相应的营养物质，使垫料长期处于高温发酵阶段，猪粪尿一进入垫料中，便迅速被发酵、分解，同时，粪尿水分被蒸发，并且无恶臭排出。在栏舍中长期形成高活性的发酵床。

1.1.2　生物活性垫料固定猪粪尿重金属的原理

经过研究表明：重金属的危害性大小不完全取决于重金属总量多少，而取决于处于活化状态的重金属的多少，与其存在的状态密切相关。因此，可通过加入对其有固定作用的物质。本课题通过试验，加入了对重金属有强固定作用的凹凸棒土、硅藻土和砖红土等非金属矿物，一方面矿物本身层间孔隙和晶格对重金属离子有吸附和固定作用，尤其是二价的重金属离子；另一方面矿物与垫料中形成的腐殖质结合，形成吸附固定能力更强的腐殖质矿物胶体，将猪粪尿中重金属进行固定、钝化，变成不活跃的无效状态，从而降低了危害。

1.2　关键技术研究

1.2.1　耐高温核心菌群的选育

筛选出高活性的耐高温菌群，是本技术研究的核心技术之一。本课题组利用特殊物质高温发酵阶段核心产物，加入营养物质，在控温全自动培养机中进行逐渐升温培养，长时间处于交变温发酵过程中，混合培养，诱导变异和提纯复壮，筛选耐高温菌株，进行接种试验，观察效果，如此反复，筛选出了高活性的纤维素分解菌、腐殖质分解菌、枯草芽孢杆菌、酵母菌、放线菌等有益耐高温核心菌群。

1.2.2　耐高温核心菌料及生物活性垫料配方研究

耐高温核心菌群再通过培养、检验、提纯、复壮与扩繁等工艺流程，形成具备强大生物活性的耐高温核心菌料。为筛选最佳耐高温核心菌料配方、生物活性垫料配方和耐高温核心菌料加入量，经过大量的试验，根据多次测试的数据，最后锁定了效果好的四个耐高温核心菌群、初选四个垫料配方和四个梯度耐高温核心菌料加入量，采用正交试验方法，设计了3因素4水平的试验，统计处理的结果可知，四个耐高温核心菌料配方和垫料配方均十分理想，配方之间差异不显著，耐高温核心菌料加入量关系显著，因此，我们确定每立方生物活性垫料的耐高温核心菌料最佳加入量为1~2千克。

本课题研究设计的生物活性垫料可迅速降解或转化猪粪尿；垫料厚度由80~100厘米降低至50~60厘米，垫料发酵温度在24~72小时可达到50~70℃高温，并且垫料不需经过用鲜猪粪堆制处理，菌种无须通过饲料添加口服，比目前其他同类技术效率提高了一倍，减少垫料原料和菌种使用成本40%以上，且完全人工操作，简单易行。

1.2.3 生物活性垫料多功能的研究

当前，引进和推广的国内外发酵床养殖技术，在功能上只注重了对粪尿的发酵，功效比较单一。本课题研究的技术除在本土发酵菌种上有新的突破外，还加入矿物质、有益中草药和金属固定、钝化物质（加入金属固定、钝化作用的凹凸棒土、硅藻土和砖红土和有杀虫、清洁垫料作用的艾蒿、松针、青蒿及海泡石等），可消除粪尿中重金属的危害，以免造成农业的第二次污染；并且由于猪只翻拱和嚼食，吸收有益营养物质，增加运动量，有利于提高猪体免疫力和改善猪肉品质，垫料由单一功能提升为多种功能。

1.3 生物活性垫料新技术与养猪先进技术的优化、组合及配套技术的研究

课题充分应用现代养猪新理论、新技术，将生物有机肥生产、标准化生猪饲养管理、生猪疫病防控、生物活性垫料养猪生产工艺与猪舍小气候

环境调控等单项技术进行整合配套，将传统技术与创新技术进行优化、组装，取得了明显的协同效果。

1.4 多功能生物活性垫料主要技术特征

主要技术特征是：以锯末、谷壳各 50% 左右作为垫料的主要原料，在每立方米垫料中加入本课题研发的多功能核心菌料 2 千克（内含有高活性的有益菌群、营养剂、黏土矿物及多种有益中草药）。垫料保持 50~60 厘米厚，50% 左右湿度，每头猪保证 1.2~1.5 平方米垫料空间。充分发挥猪在圈栏内拱料觅食的天性，由于猪总在运动、翻拱和嚼食，使猪粪尿与垫料进行及时混合，然后在垫料中有益高温发酵菌群的作用下，对猪粪尿进行即时发酵、分解和杀菌，可长期保持栏舍干爽洁净，气味清爽，不需冲洗，并增加运动量和吸收有益营养物质，有利于提高免疫力和肉质，垫料可使用一年以上，猪出栏后，垫料加工成优质生物有机肥，实现生猪养殖废弃物零排放。

2 多功能生物活性垫料在养猪生产中的应用

2.1 生物活性垫料养猪舍的建（改）造

2.1.1 猪舍的选址与布局

猪场场址选在远离集镇、交通要道和畜产品加工厂，地势高燥、水源清洁充足，运输方便，与周边环境互无干扰的地方。猪舍采用两点式分散布局，即繁殖区和生长育肥区分开。中大型规模猪场两点最好隔离 1000 米以上。

2.1.2 垫料养猪舍

一般要求猪舍东西走向、坐北朝南、采光和通风良好、排水畅通、南北敞开（东西两头砌成半山墙，南北两侧砌墙墩，墩高 3.8~4.0 米，四周采用卷帘装置，以方便启闭）。屋顶多用红瓦、高强度石棉瓦，下铺防雨层。

垫料养猪舍以单列式较好。每栋长度 30~40 米，总宽度为 8 米，净宽度在 6.8 米左右。走道设在北侧，宽 1~1.2 米。每间猪圈长 6.8 米左右，宽 4 米。猪圈内靠走道留 1.2~1.5 米水泥地面，作为猪只自由采食场所并安放食槽。在每栋猪舍的进门一头，留 6 平方米左右的堆拌间。自动饮水器设在猪栏圈的南侧，每栏圈设 2~3 个，距床面 35 厘米左右，下设引水槽，将水引出栏外，以防止猪饮水时漏下的水弄湿生物垫料。食槽和饮水器设在猪栏圈南北两侧，猪只的频繁往返有利于猪粪与垫料的充分混合与发酵、分解。猪圈间隔栏高 80 厘米左右，栏距 10 厘米，多用砖混制成，靠走道一端栏圈用钢管制成。留一圈栏门，高 80 厘米，宽 70 厘米。

2.2 多功能生物活性垫料床的制作

垫料池深 60 厘米，四周用砖块砌好，如果地势高燥，把土池底砸实即可。在池内填满生物活性垫料（锯末 50%、谷壳 50%，每平方米垫料加多功能核心菌料 1 千克充分混合后，加清洁饮用水调节湿度到 50% 左右）。新垫料床面高度略低于水泥采食地面为宜（使用一段时间后，垫料床面会因猪只压实自动降低 10 厘米左右）。垫料床准备好在上面加盖纤维袋或薄膜促进自然发酵升温，一周后就可以铺平养猪。

2.3 生物活性垫料养猪技术要点

2.3.1 生物活性垫料养猪必须符合猪场生物安全条件

养猪生产的生物危害主要是表现在对生猪的健康危害，从引种、后备猪培育、配种、妊娠、分娩、哺乳、断奶、仔猪培育、生长育肥选种选育到商品猪或种猪上市，全过程中各个生产环节都存在致病源侵袭与感染的可能。危害生猪健康的致病源主要有细菌性和病毒性的微生物以及寄生虫，虫害、鼠害。严格按照《生物活性垫料养猪卫生防疫手册》操作，预防生猪感染疾病的条件是杜绝致病源的传入、改善饲养环境和加强健康管理。生物垫料舍进猪前先要驱除猪体内外的寄生虫和完成主要疫病的免疫，并经过猪瘟、蓝耳、伪狂犬、口蹄疫等主要病毒性疫病的抗体监测或病源检测，证明是健康的猪只。重视猪只的健康管理，定期进行健康监测：做好外环境的隔离、消毒工作，保证垫料养猪的安全生产。

2.3.2 生物活性垫料养猪必须有科学的饲养管理

饲养管理人员的操作（如喂料、调栏舍、防疫治疗等）对生猪生长的刺激以及气候环境、噪音等方面严格遵守《生物活性垫料养猪饲养管理技术操作规程》。饲料原料符合卫生指标和无霉变毒素，配方设计科学，用优质、全价配合饲料供猪自由采食，少喂勤添，杜绝食槽饲料霉变和浪费。保证饮水清洁、充足，严防漏水入垫料池。要保持合理的饲养密度，单位面积饲养猪的头数过多，床的发酵状态就会降低，猪的粪尿难以迅速降解；饲养头数过少，猪舍的利用率不高。一般的饲养密度为 1.5 米 ^{2}/头。同一批饲养猪的日龄、体重大小，要尽可能的整齐一致，以便于饲养管理和整栏全进全出。

2.3.3 生物活性垫料的日常管理

防暑降温，生物活性垫料猪舍，特别是育肥和种猪舍，在炎热的夏季采用开放式猪舍，科学利用自然通风和机械通风、湿帘—风机降温、高压微雾舍内降温等措施相结合，能够确保猪只安全度夏。

定期改变猪的排粪地点，猪会定点堆积排泄粪尿，必须人工定期将粪便翻到无粪便处。一段时间后，猪就会改变定点排泄的习惯。利用猪特别喜好拱翻的习性，由猪担负起发酵床粪便的翻埋工作。

生物活性垫料如有所减少，应适时添加谷壳和木屑予以补充，以确保生物垫料功能的正常发挥。饲养过程中，垫料内严禁使用化学消毒药物，以防影响微生物的活性。

（摘自尹德明、孙志良等《多功能生物活性垫料零排放养猪及其配套技术的研究与应用》，《湖南畜牧兽医》2008 年第 5 期。）

柑橘密改稀技术

柑橘园改密为稀，通常叫"密改稀"，就是将密植橘园中多余的橘树移走，使保留的永久枝形成独立树体，创造橘树个体生长发育的优越环境条件，并方便培育，是建设高标准橘园的配套技术措施之一。

1 重新选择合理的栽植密度

绝大多数密蔽橘园橘树正值结果期，必须重新选择合理栽植密度，才能充分发挥土地利用率和橘园投入产出率。考虑到石门县广大橘农土地面积有限，在密改稀时，永久保留株数和新扩新栽株数也可因地制宜采用下表的密度。

地形	温州蜜柑	椪柑	脐橙
平地	65	75	60
坡地	70	80	65

2 密改稀的方法

2.1 隔株抬移法（见下图）

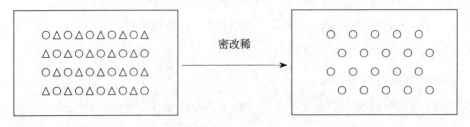

注：○为"永久株"，△为"抬移株"

2.2 隔行移法（见下图），即每隔一行抬移一行的方法，可一年完成，也可二年到位

注：○为"永久株"，△为"抬移株"

2.3 综合抬移法：对于原来苗木栽植不规范的，根据树体生长情况择树抬移的一种方法

3 对永久株培管

3.1 "密改稀"后，应迅速对永久树采取措施整理树冠：一是疏枝、二是压枝、三是扩冠。封行多年、内膛空虚和严重郁闭的老圆，对永久树要重剪促梢，露骨更新，效果更好。

3.2 利用挖树抬移留下的大穴稍加扩充后作为施肥穴，在穴底部填入粗枝杂草，每穴拌土施入猪栏肥 20 千克，覆土后再施入复混肥 2.5 千克，其上再覆土至高出地面 10 厘米处。

3.3 其他管理措施同稳产橘园管理。

4 利用抬移树重新建园

4.1 对新扩园地抽槽埋渣并施入大量有机肥（物）。

4.2 按定植密度挖好定植穴，每穴补充 5 斤复混肥。

4.3 抬移树要求挖树时盘口要大，伤根少，带土多。

4.4 对抬移树枝条必须进行重剪，对挖断的根系进行整理后，尽早移入定植穴定植，定植时要求填压到位并一次性灌足定根水。

4.5 树干要及时涂白，防止因枝叶减少、太阳曝晒引起裂皮。

4.6 半个月要及时浇水保成活后再施肥。

4.7 加强培管，力争让树体第一年不结果，扩大树冠，第二年进入结果状态，第三年恢复正常结果状态。

（摘自杨修立、李雪梅、郭红兵《柑橘园"密改稀"技术研究》,《湖南环境生物职业技术学院学报》2002 年第 1 期）

附录 2：调研图片

马家湾村垫料养猪图片

马家湾村最大的养猪场

死猪仔被丢弃河中

传统养猪中农户冲洗栏舍和给猪降温

曾经的环保猪场

目前村里仍采用垫料养猪的敬老院猪场

已经放弃垫料养猪的空猪场

曾经用于宣传垫料养猪技术的马家湾村环保学校

垫料养猪技术宣讲会

农业技术培训

垫料养猪技术的服务车及配送的菌种

垫料养猪技术的介绍及宣传

石门县柑橘密改稀技术图片

柑橘大丰收

石门县柑橘"两让一控"密改稀技术培训会场

石门县皂市柑橘协会

"参与式"农业科技培训

农技人员指导橘农密改稀

密改稀后能够机械化生产的橘园

橘园进行密改稀改造

密改稀进行中